▶ ESG与可持续发展丛书

CLIMATE FUTURE

Averting and Adapting to Climate Change

气候的未来

减缓和适应气候变化

[美]罗伯特·S.平狄克 著

（ Robert S. Pindyck ）

李志青 刘瀚斌 译

东北财经大学出版社 大连

Dongbei University of Finance & Economics Press

辽宁省版权局著作权合同登记号：06-2023-216

Climate Future：Averting and Adapting to Climate Change by Robert S. Pindyck.
Copyright©Oxford University Press 2022.

本书原版由Oxford University Press出版，并经其授权翻译出版，版权所有，侵权必究

图书在版编目（CIP）数据

气候的未来：减缓和适应气候变化 / （美）罗伯特·S.平狄克著；李志青，刘瀚斌译 . 一大连：
东北财经大学出版社，2024.11. —（ESG与可持续发展丛书）. —ISBN 978-7-5654-5288-8

Ⅰ.P467

中国国家版本馆CIP数据核字第20240X2V39号

东北财经大学出版社出版发行

　大连市黑石礁尖山街217号　邮政编码　116025

　网　　址：http://www.dufep.cn

　读者信箱：dufep@dufe.edu.cn

大连图腾彩色印刷有限公司印刷

幅面尺寸：170mm×240mm　字数：203千字　印张：14.25
2024年11月第1版　　　　2024年11月第1次印刷
责任编辑：李　季　　　　责任校对：赵　楠
封面设计：张智波　　　　版式设计：原　皓
定价：69.00元

教学支持　售后服务　　联系电话：（0411）84710309
版权所有　侵权必究　　举报电话：（0411）84710523
如有印装质量问题，请联系营销部：（0411）84710711

气候变化是 21 世纪人类面临的最严峻挑战之一。全球变暖导致的气温升高、海平面上升以及极端天气事件的频率和强度增加，正在威胁我们的生态系统、农业生产和公共健康。气候变化不仅带来环境灾难，还加剧了社会经济不平等，对脆弱群体和发展中国家影响尤甚。在此背景下，如何有效应对气候变化成为全球共同关注的焦点。

首先，为了减缓气候变化的影响，减少温室气体排放是关键。全球需要大力发展清洁能源，推广太阳能、风能等可再生能源，并提高能源使用效率。此外，推广低碳交通方式、改进农业实践、减少农业温室气体排放也是重要措施。同时，植树造林和碳捕集与封存技术的应用，可以增加碳汇，降低大气中的二氧化碳浓度。国际合作方面，《巴黎协定》为全球减排目标提供了框架，通过技术转移和资金支持，发达国家可以帮助发展中国家应对气候变化。

然而，仅仅依靠减排是不够的，适应气候变化同样重要。面对海平面上升和极端天气事件频发的现实，我们必须投资开发适应性技术和措施。例如，开发新的杂交作物以适应气候变化，阻止在洪水和野火易发地区的建设，建设海堤和堤坝等物理屏障，以及推进地球工程以应对潜在的灾难性气候变化事件。

在应对气候变化的过程中，发展气候金融和绿色金融工具至关重要。首先，需要扩大气候金融规模，吸引更多私人资本进入气候相关投资领域，推动绿色金融产品的创新和发展。政府、国际组织和金融机构应共同设立专门的气候基金，支持低碳项目。其次，需要优化气候金融机制，建立透明和有效的碳市场机制，促进碳交易，提高碳定价的合理性和市场活力。提高金融市场对气候风险的认识和应对能力，推动气候风险披露制度的完善。

此外，支持绿色技术和创新也是未来气候金融工作的重点。应加大对绿色科技研发和创新的投入，促进清洁能源技术、碳捕集和储存技术的发展，建立绿色技术推广平台，促进国际技术交流和合作。国际气候金融合作也不可或缺，发达国家应履行气候资金承诺，向发展中国家提供充足和可预见的资金支持。国际金融机构和多边开发银行应进一步增加对气候项目的融资，特别是对最不发达国家和小岛屿国家。

总体而言，人类面临的气候变化挑战不仅涉及环境和生态系统，还深刻影响社会经济结构。通过采取全面的减排和适应措施，并大力发展气候金融和绿色金融工具，我们有望在应对气候变化的道路上取得显著进展，确保人类社会的可持续发展和地球生态系统的长期健康。

本书内容分为7章。第1章首先提出了全书的6个基本论点，包括：温室气体排放和气候变化、气候变化带来负面影响、我们需要采取行动、减少排放并不能解决问题、气候结果具有高度不确定性以及气候适应的投入。第2章介绍了气候变化相关的基础知识，包括在谈及气候变化和气候政策时经常使用的重要术语和概念，如何测量相关数据（温度、二氧化碳排放量、大气中二氧化碳浓度等），以及关于气候变化的基本事实。第3章更详细地介绍了我们对气候变化了解和不了解的内容，现有知识的不足之处，以及为何有些不确定性在未来能被解决或不能被解决。第4章着重讨论了不确定性对气候政策的影响。第5章在第2章的基础上从乐观主义的视角考虑并测算未来几十年内减排的预期情况。第6章重点关注如何减少排放，包括是否应该依赖碳税，"配额交易"系统是否更可取，在多大程度上应该依赖直接监管和对"绿色技术"的补贴，如何达成一项各国都减少排放的国际协议，核能在"脱碳"电力生产中应该扮演什么角色等。第7章要回答的问题是在减少排放之外应该做什么，并引申到适应性措施。

本书的翻译和校译工作由李志青、刘瀚斌统领，复旦大学经济学院刘一菲、李煜琪、罗悦清、黄婧宁、李可、谈明康、陈欣越、刘杰、夏钦垣、聂煜坤、王靖扬和吴隽扬参与了各章的部分初译工作。在此译者对责任编辑为本书出版所作的努力和付出表示感谢。

译　者
2024年8月

　　本书发轫于我在过去十年中所从事的气候变化（以及更广泛的环境经济学）研究。这项研究的主要关注点是气候变化不确定性的性质和影响。对于气候变化本身，以及它对经济和社会的总体影响，我们所知几何，又有多少仍待探索？在过去的十年或二十年中，气候变化及其影响的不确定性是在增加还是减少？未来可能会发生怎样的变化？这种不确定性对气候政策意味着什么？这是否意味着我们现在应该保守一点，等到我们了解更多情况后再采取行动？还是说恰恰相反：我们应该现在立即采取行动，就好像购买一份保险，以避免可能出现的非常糟糕的气候结果？

　　本书也是对这样一个事实的回应，即我们阅读的许多图书、文章和新闻报道营造出了一种假象，似乎我们对气候变化及其影响的了解很深入，但实际上并非如此。评论员和政治家经常发表这样的声明，"如果我们不大幅度减少二氧化碳排放，那么接下来的事情会发生"，好像我们确切知道会发生什么。我们很少读到或听到这些事情可能会发生的说法，而是被告知它们肯定会发生。天性使然，我们人类更喜欢确定性而非不确定性，当我们不知道未来会发生什么时会感到不适。大多数人更喜欢听到或读到类似于"到2050年，温度将上升3℃，海平面将上升5米"的声明，而不是"有10%的可能性温度将上升3℃"。但令人沮丧的事实是，"气候结果"——我指的是气候变化的程度及其对经济和社会的影响，比大多数人想象的要不确定得多。

　　我认为让人们更好地了解这种不确定性的程度和性质很重要，以及为什么关于气候变化我们有一些事是确切已知的，而有一些是我们所不知道的，而且可能很长时间甚至永远都不会知道。而这本书的阐述我希望是足够浅近的。

本书融合了相关领域的研究成果，同时是我关于潜在气候灾害对经济政治的影响方面的工作成果。我们的社会面临着各种全球性的大灾难，如核恐怖主义（或生物恐怖主义）和大规模流行病，还有气候灾难（此处我指的是会导致严重社会混乱的气候灾难），在这种情况下，经济会严重萎缩。事实上，正如我在本书中所写的，气候灾难的可能性是（或应该是）驱动气候政策推行的主要因素。

本书内容

目前关于气候政策的争议几乎完全集中在如何减少排放上。减排是一项重要目标，无论是通过征收碳排放税、设定排放配额、采用"绿色"能源技术还是其他手段，减排都应当继续作为气候政策的基本组成部分，这也是环境政策研究的重要命题。我们需要更多地了解如何减排，以及减排的其他途径的优缺点。

减排显然是我们的分内之事，但我们仍然需要回答这个问题：我们具体要怎么做？诚然，我们大概率能够减少二氧化碳和其他温室气体的排放量，但是减排的幅度和速度如何？足以防止温度上升超过1.5℃或2℃吗？假如我们尽了最大努力，却无法阻止温度上升超过2℃又该如何？难道只能束手无策地抱怨"这太糟了"吗？假如现在认定不管将来多努力，温度仍然很有可能上升超过2℃，我们又该采取什么预防措施？

我认为，鉴于政治和经济现实，世界实现或接近实现当前的二氧化碳减排目标的可能性微乎其微。事实上，即使是对二氧化碳减排最乐观的预测，也表明大气中的二氧化碳含量会不断升高，随之带来的结果便是全球气温逐渐升高。

我在本书中还阐明了一些关于气候变化的基础知识，重点关注我们对可能发生的气候变化程度及其对经济和全社会影响的了解程度。尽管进行了数十年的研究，我们对气候变化仍然了解甚少，也许最重要的是对其可能产生的影响知之甚少。简而言之，无论采取何种气候政策，结果都会有很大的不确定性。接下来我解释了为什么存在如此多的不确定性，以及对政策设计的意义。

如果二氧化碳排放量得以大幅减少，又将会发生什么呢？正如我刚才所说，我们并不知道这一答案。但我认为，即使减少二氧化碳排放量的设想得以实现，在未来50年，全球平均温度增加的可能性依旧很大，可能会是3℃或更高。气温升高将导致海平面上升，加剧天气变化与风暴强度，并带来其他形式的气候变化。这种气候变化的影响是什么呢？它将如何影响经济产出（如GDP）和其他社会福利指标，如死亡率和发病率？这些答案我们亦无法得知。尽管如此，我们也不应安于现状。气候变化的结果可能会是灾难性的，尤其是在社会对此毫无准备的情形下。

这一现实情况对气候政策意味着什么？我认为，这部分是因为其中的不确定性太大，我们需要采取更多措施来减少排放。但是，仅仅减少排放是不够的，为了避免灾难性的气候变化结果，我们现在就需要加大关于气候适应的投入。气候适应可以有多种形式，如开发新的杂交作物、采取政策以阻止在洪水或野火易发地区建房、建造海堤和堤坝，以及各种形式的地球工程等。开发新的减排方法仍然很重要，但气候变化研究和气候变化政策应比以往更加重视气候适应。

致谢

在本书成形的过程中，我有幸得到了很多同事和朋友的帮助，他们为我提供了想法、建议和意见。但我尤其要感谢已故的马丁·韦茨曼（Martin Weitzman），没有他，就不会有这本书。马蒂（Marty，对Martin Weitzman的昵称）是世界范围内领军的环境经济学家之一，他的开创性论文和著作成为环境经济学，特别是气候变化经济学的基石。尽管他在环境经济学方面的工作可能最为人熟知，但他在经济学的其他领域也作出了重要贡献。马蒂于2019年8月27日逝世，世界上少了一位最具独创性、最富有成果的思想家。

我说过，没有马蒂，就不会有这本书。我原本计划写一篇关于气候变化的政策导向论文，为此我写了一份详细的提纲并将其分享给了许多人。对于我收到的诸多有用的意见和建议，我非常感激，而其中马蒂为我指引了一个方向，这是其他人所没有做到的。他告诉我，一篇论文的篇幅难以容纳我需要表达的内容，即使是一篇很长的论文——这需要一本书。没错，忘记论文这回事吧，这必须写成一本书，他还就书的大致设想给了我一些很好的建议。我本可以和马蒂争论这个问题（就像我和他争论经济学中的许多观点一样，尽管从未成功改变过他的想法），但我知道他是对的，所以我最好将这个精力投入到写作此书上。

还有很多人也以各种方式为本书作出了贡献。吉尔伯特·梅特卡夫（Gilbert Metcalf）对该书的早期手稿作了非常细致的评论，并指出了一些需要纠正的错误。之前与我一起研究森林砍伐的社会成本的塞尔吉奥·富兰克林（Sergio Franklin）为有关森林及其对净二氧化碳排放的影响部分提供了全面的意见和指导。我与约翰·德奇（John Deutch）进行了详细的讨论，依据他的建议，我对书中的多个部分进行了修订，尤其是核能的部分。艾伦·奥姆斯特德（Alan Olmstead）就农业适应性提供了建议，并为介绍 19 世纪 50 年代美国小麦生产提供了建议。克里斯蒂安·戈利尔（Christian Gollier）、杰夫·希尔（Geoff Heal）、马特·科钦（Matt Kotchen）、查克·曼斯基（Chuck Manski）、理查德·纽厄尔（Richard Newell）和卡斯·桑斯坦（Cass Sunstein）都阅读了手稿，并提出了许多改进意见。我还从爱德华·德鲁戈肯茨基（Edward Dlugokencky）、斯蒂芬妮·杜特凯维奇（Stephanie Dutkiewicz）、克里斯·福雷斯特（Chris Forest）、肯尼思·吉林厄姆（Kenneth Gillingham）、亨利·雅各比（Henry Jacoby）、克里斯·尼特尔（Chris Knittel）、鲍勃·利特曼（Bob Litterman）、约翰·林奇（John Lynch）、谢尔盖·帕尔采夫（Sergey Paltsev）、罗恩·普林（Ron Prinn）、马拉·拉达克里希南（Mala Radhakrishnan）、约翰·赖利（John Reilly）、安德烈·索科洛夫（Andrei Sokolov）、苏珊·所罗门（Susan Solomon）、罗伯·斯塔文斯（Rob Stavins）、吉姆·斯托克（Jim Stock）、约翰·斯特曼（John Sterman）、理查德·托尔（Richard Tol）和格诺特·瓦格纳（Gernot Wagner）等人处获得了非常有用的评论与建议。

我还从麻省理工学院的全球变化科学与政策联合项目（Joint Program on the Science and Policy of Global Change）中获得了宝贵的帮助。该联合计划开发了一个经济预测和政策分析（Economic Projection and Policy

Analysis，简称EPPA）模型，该模型模拟了人类活动对温室气体排放的影响，以及对其他空气和水污染物的作用，这些是输入到地球系统模型中的，该模型模拟了大气中发生的物理过程的变化。谢尔盖·帕尔采夫和安德烈·索科洛夫多次运用了麻省理工学院地球系统模型（MIT Earth System Model，简称MESM），以帮助探索大量CO_2排放可能造成的影响。

感谢鲍勃·利特曼出资雇用研究助理。在项目早期，杰克·巴罗塔（Jack Barotta）担任了研究助理一职并在太阳辐射管理及其他适应形式的信息收集方面提供了帮助。特别感谢米拉·奥穆尔塔克（Miray Omurtak）在过去两年中提供的宝贵帮助。米拉全程参与了本项目，从编写MATLAB程序模拟温度轨迹，建模研究二氧化碳和甲烷排放的替代方法，创建跨国碳排放和浓度数据库，再到建模研究替代适应法的其他方法的优势、劣势和成本。如果没有她的帮助，我很难完成这本书。

最后，我谨在此声明，对于本书中可能出现的所有错误，我个人负全部责任。

目录

第1章

导论

大多数有关气候变化主题的书籍、文章与论题都聚焦于两个非常重要的问题。

第一，关于气候变暖的影响。即如果世界各国继续排放越来越多的温室气体，那么接下来几十年气候会发生什么变化？温度会上升多少？气候变暖会对海平面高度、暴雨飓风的强度和频率、干旱的程度以及气候的其他方面产生什么样的影响？还有一个或许是最重要的问题：这些变化会对经济和社会带来什么样的破坏？

第二，关于气候变化的应对。即我们应该采取什么样的措施来减缓气候变化？具体来说，温室气体排放应该以怎样的速度减少多少？要运用什么样的政策工具去减少这些温室气体的排放量？碳排放税是最好的政策工具吗？如果是，又应该收多少碳排放税呢？

除此之外，还有另外两个同等重要的问题。第一，虽然我们可能会就"应该做什么"达成一致，但问题是我们究竟会采取什么行动以减缓气候变化或降低变化的程度？即使对各国同意大幅减少温室气体排放的可能性持乐观态度，我们实际期望看到的是什么样的排放效果呢？我们是否有理由相信，在未来几十年里，世界范围内的排放量将大幅且迅速地下降，且足以防止严重的气候变化问题发生？

第二，假设我们得出的结论是"期望全球温室气体排放量足够快地下降是不现实的"，那么，尽管我们尽了最大努力，我们（或我们的子孙后代）也可能会面对气温升高和海平面上升的问题。那时我们又该如何应对呢？现在我们是否应该采取行动来避免或减少气候变化的影响？如果事实如此，那我们又该采取什么样的行动？

上述第二组问题将是本书讨论的主要焦点。我将在本书中阐释气候变化未来趋势仍存在很大的不确定性，但我们可能很幸运，一生可能都只会经历轻微的气候变化，但指望好运来生活并不是明智的政策。事实上，考虑到经济和政治的实际情况，指望通过减少温室气体排放来避免全球变暖是不现实的。因此，我们现在更应该采取行动来减少气候变暖可能带来的影响，请注意我所指的行动包括各种各样的适应气候的工作。那么我是怎么得出这些结论的，心中又有哪些理想的适应气候措施呢？继续往后看这本书吧，相信你会找到答案的。

1.1　减缓与适应：基本论点

本书的基本观点其实非常简单，可以归纳为以下 6 点。大部分读者会很容易接受前 3 点，但对于后 3 点，我估计只有很少的读者能够接受——至少在他们读完本书之前是如此。这 6 点如下：

1.1.1　温室气体排放和气候变化

众所周知，世界正在继续排放大量温室气体，且所排放的温室气体主要是二氧化碳，还包括甲烷和其他气体。过去一个世纪里，这些温室气体的排放量一直在稳步增长，特别是二氧化碳，在后面几个世纪将会一直存留在大气中。因此，大气中二氧化碳以及其他温室气体的浓度也将持续上升。不可否认，随着温室气体排放，它们在大气中不断积累，最终将导致气候变化，如地球气温普遍上升，由此带来海平面上升，城市中的暴风雨和飓风也将变得更具破坏性和更频繁地发生，旱灾也将更严重，地球大部分地区会迎来更多极端天气等问题。

正如图 1-1 展示的那样，由于过去一个世纪所排放的温室气体，我们已经感受到了全球平均气温的上升。1960 年至今，气温上升了接近 1.0 摄氏度（1.0 摄氏度相当于 1.8 华氏度）。此外，如图 1-1 所示，大部分的温度上升发生在1980年之后，也就是在近40年里。全球气温正在升高，且气温升高的速率看起来也在不断上升。虽然不能百分之百肯定，但是这些气温上升至少是过去10年一些极端天气发生的部分原因。

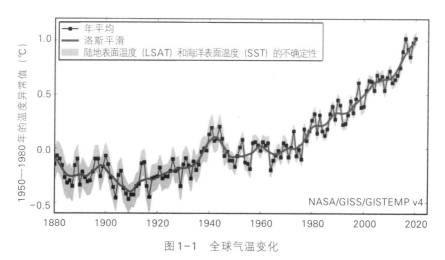

图1-1　全球气温变化

注：1880—2020年全球气温变化。锯齿线为全球气温年平均值，直线是经过数据平滑后每5年的平均值。可以看出，大多数温度升高发生在1970年之后。

资料来源：NASA，GISS Surface Temperature Analysis。

　　未来还会有多大程度的气候变化？它会多快发生？我们不知道。能否预测未来的变化取决于我们是否完全了解气候系统。当然，也取决于未来几十年世界温室气体的排放量。而未来几十年世界温室气体的排放量又取决于我们采取什么样的政策来减少排放。在短期内——或许是未来一二十年内，尽管美国、欧洲、日本和其他一些国家和地区正在为减少温室气体排放作出持续的努力，世界的温室气体排放量还是很有可能保持上升趋势。

　　为什么我们预计世界温室气体排放量至少在未来10年都将持续增长？毕竟，美国和欧洲已经在减排方面取得了进展，并且还可能会取得更大进展。这个问题的答案可以在图1-2中看到，它显示了按区域划分的二氧化碳排放量。这张图上可以观察到中国、印度和其他亚太地区（如马来西

亚、印度尼西亚、泰国和越南）排放量的快速增长。1980年以前，由于
这些国家的经济欠发达，它们对全球二氧化碳排放总量的影响相对较小。
但随着它们经济的复苏并开始快速增长，它们的二氧化碳排放量也随之增
长。而这些增加的排放量已经完全超过了美国和欧洲（相对较小的）减排
量。但亚洲大部分地区（以及非洲和拉丁美洲）的人均二氧化碳排放量仍
远低于美国和欧洲的水平。考虑到高昂的减排成本，像印度这样人均相对
贫穷的国家自然会反对被要求与美国这样的富裕国家实行同样的减排
比例。

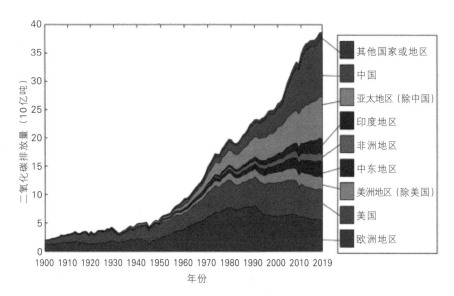

图1-2　世界各地区每年的二氧化碳排放量

注：按地区划分的碳排放量（10亿吨）。自1995年以来，美国和欧洲的排放量有所下降，
但亚太地区的排放量一直在迅速上升。

资料来源：Global Carbon Project，Supplemental Data，Global Carbon Budget 2021。

当然，图1-2只显示了历史的温室气体排放量，你可能会认为真正重
要的是未来的排放量。对此判断，我们认为并不完全正确。认为该判断正
确是因为如果在未来10年内，全球二氧化碳排放量减少一半（不管这样做
是否可行），那大气中二氧化碳浓度将显著降低，从而全球平均温度的上升

也会减缓。显然，2050 年的二氧化碳浓度和全球平均气温将在很大程度上取决于未来几十年的排放量，以及为减少这些排放量而采取的政策。

　　我们认为该判断不正确是因为大气中的二氧化碳浓度已经大幅增长并将长期稳定。如图 1-3 所示，若以 ppm（即物质浓度 mg/m^3/空气体积 m^3）单位计量，1950 年的二氧化碳浓度约为 3×10^{-4}，而现在接近 4.2×10^{-4}。因为二氧化碳可以在大气中停留 100 多年，即使所有进一步的排放量以某种方式立即减少到 0，并在未来保持在 0，大气中的二氧化碳浓度也将在未来几十年内保持在约 4×10^{-4}。由于大气中二氧化碳浓度的增加与其对温度的影响之间存在 20 年或更长时间的滞后，即使我们可以立即将碳排放量减少到 0，但由于二氧化碳浓度的早期增加，温度也将继续上升（稍后本书会解释这个时间滞后性，现在就把它当作一个已知的知识）。

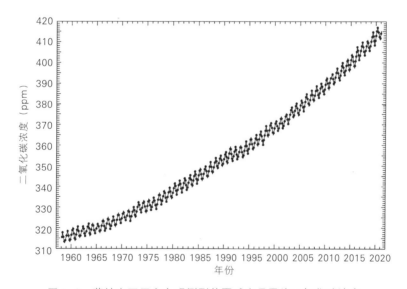

图 1-3　莫纳克亚天文台观测到的夏威夷月平均二氧化碳浓度

　　注：全球大气二氧化碳浓度（百万分比浓度）。该曲线呈锯齿形状是因为二氧化碳水平的季节性变化。

　　资料来源：Scripps Institution of Oceanography，www.scrippsco2.ucsd.edu。

　　我们都知道，二氧化碳排放量不可能立即降至 0。事实上，我认为任何现实的情景下，即使将时间放宽至未来几十年，全球排放量也不会降至0。相反，如图1-2所示，全球排放量在过去几十年里一直在快速增长。我们没有证据认为这种增长会很快突然停止，然后立即改变为下降方向。据预测，到2030年，大气中二氧化碳浓度很有可能达到接近4.4×10^{-4}的水平。但可悲的事实是，过去二氧化碳浓度的增加，以及未来可能的增加，将继续推动气温上升，这将进一步导致海平面上升和更极端的天气。

说到此处，你可能觉得我过于悲观。毕竟，欧盟已经承诺到2050年将其二氧化碳净排放量减少到0，中国最近也表示了到2060年将其净排放量减少到0[①]。但即使这些承诺以法律要求的形式提出，自然界演化的结果也并不一定能与政府的承诺相符。例如，英国政府已经通过了《气候变化法案》（*Climate Change Act*），要求该国到2050年将其二氧化碳净排放量降至0。但是，试想到了2050年，净排放量仍然远高于0，会发生什么呢？有谁会因此进监狱吗？我将在第5章更详细地讨论这些可能的结果，并解释为什么我们不可以指望防止温度危险升高所需的那种大幅减排。

1.1.2　气候变化带来负面影响

我的论点中的第二点应该也不会引起什么分歧：气候变化——气候变暖、海平面上升、更极端的天气等——本身就是一件消极意义较多的事。有多消极？我们也不知道。答案部分取决于你住在哪里。如果变暖的程度不太严重，世界上的一些地区（如加拿大北部和俄罗斯）可能会从更高的温度中受益。其他国家，如气候炎热和陆地海拔接近海平面的国家（如孟加拉国和泰国）可能会遭受更大的损失。但对整个世界来说，气候变化可能是代价高昂的。代价也许只是有些高昂，但也可能是非常高昂。

气候变化的代价是什么？更高的温度和更极端的天气会减少农业产量，造成财产损失，暴风雨、洪水和火灾甚至会造成生命损失。气候变化还会以各种方式降低整体生产力。一般来说，气候变化会降低经济产出的增长水平和速度，进而降低我们的生活水平。许多有害微生物和寄生虫在

---

① 二氧化碳净排放量是指排放量减去通过植树或其他方式从大气中去除的二氧化碳量。我将在下一章讨论碳的去除。

较温暖的天气中能够更苗壮地成长，再加上高温本身可能对人体健康有害，气候变化可能导致更高的发病率和死亡率。往严重讲，气候变化可能会导致社会动荡，甚至政治动荡。

气候变化的代价究竟有多大，目前还非常不确定（原因我稍后会解释）。你可能会觉得，这种不确定性意味着我们可以先作壁上观（即以一种"别担心，豁达点"的乐观心态对待），至少在我们了解到更多气候变化信息前是这样的。但事实当然不是这样的，相反，不确定性本身让我们更加担心，也给了我们更充分的理由去尽快采取行动，这一点也将在后文加以讨论。

1.1.3 我们需要采取行动

我的第三点想法也希望不会引起太大争议，即我们普遍认为世界应该采取行动减小严重气候变化的可能性，但要采取什么样切实有效的行动呢？无人能给出肯定的答案。几乎所有的气候变化政策分析和政策建议都集中在一种基本行动上，即大幅减少温室气体排放。此外，人们普遍认为，几乎所有国家都必须减少温室气体排放——不仅是像美国这样的发达国家（虽然目前只占全球排放量的15%），还有像印度这样的发展中国家，以及目前最大的温室气体排放国——中国。

有很多种方法来减少排放，如碳排放税和碳配额与交易原则是最直接的（且通常被认为是最经济有效的）方法。但就目前而言，在美国和其他许多国家，征收碳排放税似乎在政治上不太受欢迎，而且这并不是减少碳排放量的唯一途径。因此，一些政策分析人士和政治家转而（或额外）提出了有针对性的监管措施，例如，汽车里程标准以及对"绿色技术"（如太阳能和风能、电动汽车以及针对这些技术和相关技术的研发）的补贴。

但无论具体细节如何，气候政策的基本目标几乎总是一样的，即最大程度地减少温室气体排放。是的，这是一件好事，但正如我将在后面解释的那样，这还不够。

1.1.4 减少排放并不能解决问题

到目前为止，我所说的一切或多或少都是常识，不太可能引起许多读者的反对。但这一节的观点就可能变得比较有争议了。我觉得，考虑到未来几十年全球温室气体排放的所有现实情景（甚至一些不现实的情景），气候变化很可能使许多国家真的会采取导致温室气体排放量显著减少的政策，但这还不能解决气候变化问题。

正如前文所说，即使在大多数国家同意大幅减少排放这样极度乐观的情况下，大气中温室气体的浓度至少在未来几十年还将继续增长。事实上，大气中温室气体的浓度已经高到足以导致全球平均气温的大幅上升。尽管我们无法确定上升的幅度和速度，但由于大气中温室气体浓度高且不断增长，全球气温将继续上升，一定程度的变暖（也许很大程度）是完全有可能的。随之而来的气候变化的其他方面（如海平面上升、更极端的天气等）同样也完全有可能发生。

一些读者肯定会质疑我们对充分减少温室气体排放以避免显著变暖能力的悲观评估。为什么美国不能和其他大多数国家一样，采取某种"绿色新政"来大幅减少温室气体排放呢？难道《巴黎协定》（现在有美国的参与）的延期会在很大程度上阻碍实现目标吗？我对什么是可能的，什么是不可能的判断，难道不是由于简单片面的失败主义吗？但我认为我可以说服大多数读者，前提是你需要保持耐心，继续阅读。

首先要强调的是，我并不是建议放弃减少温室气体排放的行为，也不是说减少温室气体排放没有我们原来认为的那么重要。相反，我们应该努力减少排放，无论是在各地（每个国家）还是在全球范围内。理想情况下，我们应该通过征收碳排放税来实现这一目标，也许可以就碳排放税作为国际减排政策的一部分达成一致，并且征收碳排放税在大多数主要的碳减排国家将适用。但与此同时，我们必须认清现实，考虑到技术、经济和政治等措施实施的严格和可行性限制，二氧化碳的减排根本不足以阻止气候变化——事实上，远远不够。

遗憾但根本的问题是，在未来几十年里，全球温室气体排放量可能会增长。在任何可以想象（且切实可行）的气候政策下，情况都是这样。虽然目前各国的减排目标都不相同，但再积极的目标也不足以阻止大气中温室气体浓度的增加。此外，世界甚至不太可能达到当前的减排目标，更不用说提出的更雄心勃勃的目标了。因此，我们必须严肃看待未来50～70年全球平均气温上升3℃甚至更高的可能性——远高于许多气候科学家和政策分析师所认为的1.5℃～2℃的临界极限。这可能会导致海平面上升，天气更多变，暴风雨更猛烈，以及其他形式的气候变化。

1.1.5　气候变化的结果具有高度不确定性

关于气候变化的文献，包括书籍、文章和大众媒体报道给我们造成了一种错觉，让我们觉得我们对于气候变化及其影响了解很多。此问题部分在于大型计算机模型已经被开发出来并用于预测，且这些模型带有科学的合理性，因而让人觉得非常精确，但我们仍然认为这些预测模型具有不确定性。当我们得到精确的气候预测结果时，比如到2050年，预测气温将上升 x 摄氏度，海平面将上升 y 米，GDP将下降 z 个百分点，我们会感觉得到这样的结果很安心，但这种预测可能极具误导性。事实是：由于模型参数设计的假设性、大自然演化的自身规律等影响，即使我们能够准确预测未来温室气体排放量，我们也不知道——现在也不可能知道——气温或海平面会上升多少。并且就算我们能够准确预测未来气温和海平面将上升多少，我们也不知道这些会给GDP以及其他经济和社会福利带来什么样的影响。

也就是说，对于"气候变化结果"，即气候变化的程度及其对经济和社会的影响是高度不确定的，至少比大多数人想象的要不确定得多。我将在第3章详细解释不确定性的程度和原因。但就目前而言，请相信我的话：即使能预测未来气候变化的程度和时间，我们也不知道气候变化会有多广泛和严重，更不要说了解其影响程度了。

假设到2050年或2060年，全球平均气温上升3℃（这将是一个比联合国政府间气候变化专门委员会和其他机构中心预测更大、更快的升温幅度）或在可能的范围内升温。那么，海平面会上升多少？世界各地会发生多少洪水？干旱和暴风雨的严重程度和频率会增加到什么程度？这对农业和总体经济活动会有什么影响？所有这些问题的答案都是：我们并不知道。结果可能是无论气候变化多么严重，其影响都将是温和或适度的。但也有可能我们不会那么幸运：我们将忍受气候变化带来的严重影响，甚至是灾难性的影响——尤其是在社会毫无准备的情况下。

这确实是许多反对碳排放税或其他碳减排措施的人提出的观点。[1]但这种观点不仅是错误的，还容易把事实弄反了。事实是，不确定性本身就是现在采取行动的一个理由。你不知道你的房子在未来几年里是否会被一场火灾、一次洪水、一棵倒下的树摧毁，且不说这样的事件会造成多大的损害。但这并不意味着你不需要为你的房子买保险。相反，谨慎的房主会购买足够的保险来覆盖不良事件的潜在成本。同样，我们不知道未来气候变化的成本可能是多少，但这并不意味着我们应该忽视这个问题并选择不采取行动。相反，我们应该现在就采取行动，以防止未来可能付出的高昂代价。

1.1.6 气候适应的投入

如果我关于严重气候变化后果的风险以及现在采取行动的重要性的看法是正确的，那么除了尽可能减少二氧化碳排放之外，我们还应该做些什么呢？再一次，这是我偏离一般被认为是常识的地方。我认为，预防可能发生的灾难性气候及其后果非常重要，但单单减少碳排放量是不够的，最好的办法是现在就在气候适应性工作上面投入资金。

气候适应性工作就是采取措施应对不断升高的较高二氧化碳浓度，或任何其他气候变暖带来的影响。我将在后文详细阐述气候适应性工作的多种形式——研发耐高温的杂交水稻、减少洪水和火灾易受灾地区的房屋建造、建造海堤和堤坝来预防洪水、推进能够减缓不断上升的二氧化碳浓度带来的温室效应的地球工程等。研发减少碳排放量的新方法仍然很重要，应该被大力推进。

按照上述任何一种方式进行气候适应性工作代价难道不会很高昂吗？并不，适应性工作并不需要非常多的资金投入，我也将在本书后文陈述原因。事实上，在许多情况下，气候适应性工作比减少碳排放量成本要低得

---

① 在平狄克（2013）的文章中，我认为综合评估模型（IAMs）"有严重的缺陷，使得它们作为政策分析工具几乎毫无用处"（第860页），而且这些模型可能会使人产生一种对知识和预测的错觉。那篇论文，以及后续的1篇（平狄克（2017b）），让一些人给我贴上了"气候变化否认者（climate denier）"的标签。尽管我在那些论文中明确表示，不确定性并不意味着我们不应该积极应对气候变化。

多，还一定比大幅减少碳排放量要便宜得多。是的，风能和太阳能等替代能源的成本正在急剧下降，我们的汽车和飞机的燃油效率越来越高，我们能够更有效地为房屋和建筑物隔热，并且照明、制冷和空调都变得更加节能。这就是我们能够在未来 10 年或 20 年以合理的成本将温室气体排放量减少 20%、30% 甚至 40% 的一些原因。但是减排 80% 呢？是的，虽然这可以做到，但是成本会非常高。那气候适应性工作呢？正如你将看到的（如果你有足够耐心继续阅读），成本可以低得多。

这就是我的一些基本论点。我们必须严肃看待未来 50 年全球平均气温上升将远高于 2℃ "极限" 的可能性：气温可能升高 3℃甚至更高。这种程度的全球气候变暖可能导致海平面上升、更多变的天气、更强烈的暴风雨以及其他形式的气候变化。这种气候变化的程度和所导致的影响是具有不确定性的。我们可能很幸运，只经历一个温和或中度的气候演变过程，但尤其是在社会没有准备好的情况下，最终的气候变化很可能是灾难性的。最好的准备方式是现在就投资于气候适应性工作。同时，研发并实施减少碳排放量的新措施仍然很重要，应该积极推进。但我们还需要正视这样一个事实，即仅仅减少碳排放量是不够的。因此，气候变化研究和气候变化政策应该更加关注气候适应性工作。

现在，我们再详细讲一下什么是气候适应性工作。

1.2　什么是气候适应？

气候适应性工作已经不是一个新概念了。在《巴黎协定》下，人们十分关心应对气候变化影响的措施。在缔约方将提交减少温室气体排放计划的同时，《巴黎协定》要求所有缔约方对气候的适应性工作作出规划与实施，并鼓励缔约方披露这些工作成效。但是，《巴黎协定》对于适应性工作的范围界定仍然比较模糊。

目前有两种不同的适应性工作实施，但两种都能缓解气候变化带来的威胁。第一种适应性工作可以降低气候变化的负面影响，但是并不能够防止气候变化的发生。那么，我们该如何降低气候变化，特别是已经发生的气候变化带来的影响呢？例如，安装空调，提高公共卫生体系应对高温浪潮的能力，改变我们建造住房的位置，建海堤来预防海平面升高等。

第二种适应性工作可以降低二氧化碳浓度提升带来的温室效应，并尝试着停止或减缓二氧化碳浓度的上升。缓解大气中二氧化碳浓度上升带来的温室效应在一定程度上还可以缓解气候变化本身带来的影响。但我们要怎么做呢？例如，地球工程，特别是太阳能地球工程专门研究这方面的问题。我们稍后将详细解释地球工程的工作，但一个基本理念是用飞机或气球将硫（或其他元素）注入大气。用这种方式"播种"大气，把一些紫外线反射出地球，从而降低温室效应带来的影响，借此减少升温。这虽然不能将二氧化碳从大气中剔除，但是能够降低二氧化碳的危害。

下面我们将讨论以上和其他适应性工作的案例。但首先，我们要解决谁去做这些适应性工作的问题，并且区分企业和政府对于气候变化的适应性工作。企业的适应性工作包括个体工商户和私营公司所做的工作措施。政府的适应性工作包括当地的、州政府的，以及联邦政府所做的工作措施，并且有时适应性工作可以是企业和政府一起进行的。

1.私人部门的气候适应

家庭和私营公司能采取什么工作措施来适应气候变化呢？我猜许多读者已经采取一些类似的措施了。比如，你可能已经在家里安装空调以降低气温升高带来的影响；或者可能已经放弃建造或购买一处靠海滨的住宅了，毕竟这样的住宅更容易受海平面上升和更强的飓风所威胁。

在某种程度上，私营企业也已经开始对气候变化作出反应了。清醒的房地产开发商现在很少承包靠海滨的房屋和公寓建造了。美国北部州的退休住宅和社区的建造开始比佛罗里达州的看起来更具有吸引性。随着空调需求的上升，像开利公司这样的企业正在研发更高功率、更实惠、更高效的组合产品。并且像先锋国际良种公司和先正达集团这样的农业生物技术公司已经使用传统育种技术去提高饲料谷物耐旱能力。同样，孟山都公司已经研发出能耐高温耐干旱的转基因玉米和水稻，并且它们将继续研发耐高温作物。

气候变化至今已经是有限的了——温度虽然有所升高，但并未升高很多。因此，家庭能够采取的气候适应措施同样有限。但是我们可以期待，在温度上升且气候变得更极端的同时，私人部门采取的气候适应措施也会增加。

2.公共部门的气候适应

尽管家庭和私营公司能够对气候适应有所贡献，但一些适应性工作还是需要政府扮演主要角色。原因是一些最有效的适应性工作，包括一些大规模的项目，远远超出了私营公司的能力（更不要说个体了）。这里我将简要论述两个例子，这两个例子在本书稍后一些的部分也将得到更多的阐述。

第一个例子是如政府修建的海堤、防洪堤、堤坝、河堤和其他防止海平面上升带来的洪水的屏障就属于公共部门主动适应气候变化的措施。如果海平面上升几英尺（一个巨大的变化量），它至少在大部分地区不会立刻导致洪水。问题在于越来越高的海平面让沿海地区更容易受到风暴潮的影响，也就是大风、暴雨和飓风带来的大浪的影响。比如在2012年10月29日飓风桑迪（Sandy）登陆时南曼哈顿的洪水。当时的飓风有每小时80英里的风速，制造的海浪淹没了城市的大量区域，包括地铁系统、进出城市的隧道和大量的建筑物。

还记得飓风桑迪是在气候变暖导致海平面显著上升之前发生的。如果海平面在接下来几年里上升，我们可以预料到像这样的风暴潮会变得更加强劲和频繁，并导致更严重的洪水。那么我们可以做什么来预防这些的发生呢？一个提议是像图1-4所示在曼哈顿沿线周围建造海堤（事实上，在2016年，1.76亿美元的联邦资金被投入到这个项目中，这笔资金主要用于支付研究费用。该研究费用高昂，预计会花费数十亿美元）。一个像这样的海堤不需要延伸至最高水位之上，并且根据设计，在海岸上也看不到它。建造海堤不是为了预防正常海平面的潮水，而是为了预防暴风雨带来的洪水。

图1-4　曼哈顿海堤

　　注：根据计划，围绕南曼哈顿的海堤可以预防像2012年飓风桑迪时期发生的风暴潮。在2016年这个项目被划拨了1.76亿美元联邦资金，并且后期还将花费近10亿美元。

　　建造海堤或防洪堤、堤坝、河堤和其他防御海平面上升带来洪水的屏障并不是应对气候变化的新措施。例如，荷兰的大部分地区都在海平面以下，但因为有大型堤防网络保护荷兰免受洪水侵袭。荷兰最早的堤坝建于大约800年前，从那以后，建筑和结构的改进一直持续至今。为此，本书后面讨论的问题是，海堤或其他类似的堤坝能否提供一种适应气候变化的社会经济发展形式。

　　海堤能够有效降低气候变化的负面影响，而第二个例子和它非常不同，即太阳能地球工程。它能够缓解大气中的二氧化碳带来的温室效应。我们将在此书后文讨论，该过程的基本思想很简单：我们可以比喻为通过大气进行"播种"，即在60 000～80 000英尺的高度使用二氧化硫或亚硫酸盐。这些"种子"会在大气中存留最多一年，之后就会沉淀为硫酸盐并回落到地球表面（因此需要定期重复"播种"）。当这些粒子还在大气中时，它们可以通过将太阳光反射回宇宙进而缓解温室效应带来的影响。虽然二氧化碳还会存留在大气中，但是二氧化硫会抵消其温室效应。

　　太阳能地球工程可能看起来开销很大，但事实并非如此。诚然，因为二氧化硫最终会以硫酸的形式从大气中降落，"播种"至少每年需要做一次。但"播种"本身所需要的开销是非常低的，并且这种低开销有另外的优势，即它在一定程度上消除了"搭便车"的问题。就像我在前文和图1-2阐释的那样，美国和欧洲已经减少二氧化碳的排放量了，但是有些国家还没有。相比于减少国家自己的排放量（用相当大的开支），像印度这样的国家可以在其他国家的排放量减少工作上"搭便车"。但是因为非常便宜，太阳能地球工程并不需所有或者大多数国家参与——就算是只有少部分国家，它也能有效地改变气候变暖。

就像我们在后文更详细讨论的那样，太阳能地球工程并不是简单的灵丹妙药，相反，它饱受争议。比如，它可能会引起其他的环境问题，在某种程度上因为二氧化碳会在大气中持续积累，并且部分二氧化碳被海洋吸收，海洋酸性会加强。此外，通过下雨降落的硫酸物质可能让湖泊和河流酸性更强。但我们可以把这些担忧放在一边，实验证明地球工程毕竟是适应气候变化的一个重要措施。

3.公共部门与私人部门相协调的气候适应

对于气候的适应需要公共部门和私人部门的共同参与。以我们对海平面上升的担忧为例，海平面上升可能会冲走海滨房屋。在海边或海上建造住宅的决定是私人部门的决策，但是它受政府政策影响：如果房屋在飓风中被摧毁，政府会提供至少部分保险吗？目前美国政府确实提供了这样的保险，这意味着实际上我们——社会——正在补贴海滨房屋的损失。如果这样的保障程度降低甚至没有，会导致海滨房屋的建造和销售额减少。

第二个政企协作的例子是耐热的水稻、玉米和其他谷物。就像我在上面提到的，私营农业公司已经在着手这项工作，但同时，州政府和联邦政府也在努力。例如，美国农业部（the U.S. Department of Agriculture）正在进行关于庄稼（或一般的粮食农作物）的研究，并且支持其他组织（如大学）的调查研究。

政府确实能够为家庭和企业提供激励以减少温室气体的排放量，例如补贴电动汽车，或者资助太阳能、风能等清洁能源的研发。同样政府也能够为家庭和企业提供激励以促使它们采取气候适应的措施，例如补贴排水沟建设、科学设计污水池泵的安装以降低洪水的风险。

4.恢复力

读到此处，你们会发现我一直在反复强调：我们在面对气候变化的时候会有许多不确定性。我们并不能确切地知道温度、海平面和飓风强度会有什么变化，也不知道这些变化可能带来的影响。更进一步，很多影响将是地方性的：迈阿密更可能经历比像丹佛这样的城市（甚至经受比其他像洛杉矶或波士顿这样的沿海城市）更大的由海平面上升带来的破坏。因此，适应气候的工作应该提高我们对于气候变化的恢复力，增强城市韧性。海堤和堤坝就是这样的例子：它们会让一个城市（比如迈阿密）更具有应对可能的（和很大程度上无法预知的）风暴潮的恢复能力。

恢复力在发展中国家尤其重要。气候变化将导致像埃塞俄比亚这样的国家有更多干旱或降雨吗？我们真的无法确定。我们能确定的是，铺设农村公路可能是一个很好的适应性工作形式——如果这里发生更多的洪水，它可以隔开洪水对庄稼地的侵蚀，使庄稼种植得到市场推广，同时铺设的农村道路也会带来其他经济效益。

5.改善 VS 适应

对于气候的改善或适应，目前已有许多相关讨论进行了区分：适应指的是减少实际发生的气候变化造成的损害，而改善指的是尽管大气中的二氧化碳浓度还在有所增加，也要减少变暖和其他形式的气候变化，[①]因此，海堤属于适应的范畴，因为它们减少了海平面上升带来的洪水侵袭，但是太阳能地球工程属于改善范畴，因为它会减少大气二氧化碳浓度上升带来的温室效应。

但我并不觉得这样的区分很有意义。区分旨在减少二氧化碳排放的政策和旨在减少二氧化碳有害影响的政策之间的区别，才是大多数气候政策讨论的重点。因此我可以简单地认为，海堤和太阳能地球工程是不同类型的适应性工作。

---

① 在最近的论文中，奥丁（Aldy）和扎克豪斯（Zeckhauser）(2020) 做了这个区分。

关键的一点是，任何可行的二氧化碳减排措施都不足以消除灾难性气候变化所带来的风险。我们还需要做其他事情，我认为所有这些都是适应性工作的形式。

1.2.1 关于气候适应的关注

假设你现在同意我的观点，即在气候政策的任何现实情景下，大气中温室气体的浓度将继续增加，使气候变化不可避免。你仍然可能对我提出的"将适应作为一种解决方案，甚至是部分解决方案"的建议很不认同。为什么？可能有如下几个原因。

第一，你可能认为，许多形式的适应都太随机了，而并非常态化的现象。例如曼哈顿的海堤高度都比较低，在海平面上升和飓风更强的情况下，风暴潮也在变得更大更频繁，那我们如何相信海堤真的能保护这座城市免受不断强大的风暴潮的影响呢？类似地，我们怎么确定能够培育出可以承受更极端温度的新作物呢？我们能肯定旨在扭转温室效应而减少变暖的太阳能地球工程策略实际上会起作用吗？[①]我们不能非常肯定这些和其他适应性工作的作用将发挥多好。但是，我在后文也将解释，我们对于地球工程背后的科技、海堤、新品种农作物和其他气候适应性工作的理解和经验，却使得科学技术发挥更大的作用，并可以在合理的成本内实现较大的成效。

第二，你可能会认为，某些适应性工作的形式可能带来环境破坏。或许最明显的例子就是空调，这是私人部门应对高温最简单的方式。印度对于空调的需求预期将呈现爆炸式增长，但是只要运行这些空调所需的大部分电力来自化石燃料，就将增加二氧化碳的排放量。

在适应气候变化过程中，可能对环境造成破坏的例子还有很多。太阳能地球工程中所使用的二氧化硫最终会以硫酸的形式返回地球，这是否会导致湖泊和河流酸化？新作物，尤其是通过基因改造培育出来的作物，会不会变成有害的"转基因食物"？是的，这些确实令人担忧，它们确实需

①　诺德豪斯（Nordhaus）最近的论文（2019）认为，地球工程是"未经检验的，将不会在所有地区平等地消除气候变化，将不会处理海洋碳化问题，而且会给国际合作带来重大难题"。

要加以解决。但正如我将解释的那样，与我们对气候变化本身的关注（或所应该关注的）相比，这些问题微不足道。在大多数情况下，这些担忧背后的风险是可以控制的。

第三，对气候适应工作的关注不会使我们在减少温室气体排放过程中偏离我们应该做的事情吗？如果我们可以接受适应气候变化的观点，为什么还要通过高昂的投入来减少温室气体的排放量呢？这是一个很有意义的问题，可能也是当前常见的反对进行气候适应工作的理由。事实上，这就是许多环保主义者把"气候适应性工作"一词视为诅咒的原因。这种担忧当然有一定的道理，但请记住，我并不是说我们应该放弃减排。如果我们知道有成本更低还更容易操作的替代选项，为什么还要花费大量精力和金钱来减少排放呢？换句话说，如果我们能够以比减排低得多的成本实现同样的目标，为什么要放弃成本更低的选择呢？

这让我想到了对气候适应工作的最后一个反对意见：人类无权以任何方式干预地球的自然环境。我们没有权利通过排放温室气体来干预环境，也没有权利通过地球工程、海堤或"人工"农作物的发展来干预环境。当然，我们的存在会干预自然环境，但适应性工作的范围远不止于此。这实际上是一个关于哲学或宗教问题的争论，但因为我是一个经济学家而非哲学家或神学家，我无法对此作出回应。因此，我将重点讨论气候变化和气候政策所带来的社会经济影响。

1.2.2　碳消除与碳封存

我认为，在任何实际的减排情形下，大气中的二氧化碳浓度都将继续上升，从而使气温升高。但我也忽略了一些因素：难道我们不能从大气中去除部分二氧化碳，从而抵消其浓度的增加吗？

事实上，另一种处理大气中二氧化碳累积的方法是去除大气中一部分二氧化碳（即碳消除），或以一种防止其未来释放到大气中的方式将其储存起来（即碳封存）。碳消除和碳封存听起来当然很有吸引力，而且原则上对环境不会产生负面影响。从大气中去除二氧化碳实际上并不是一种适应性工作，而应该被视为减少净排放量（即总排放量减去去除的二氧化碳）的一种方式，或者等同于"抵消"不断增长的二氧化碳浓度。我会在本书后文更详细地讨论碳的去除和封存，但这里有一个关键问题：它会为气候变化问题提供一个具有现实意义的解决方案吗？

一种显而易见能够去除二氧化碳的方法就是种树，这在一些国家被看作是气候政策性的工具。树（和其他绿植）通过吸收二氧化碳生长，并且能够利用光合作用形成新能量，在这个过程中，氧气被释放出来。所以，更多的树意味着更多大气中的二氧化碳被吸收，也就是更少的净排放量。

由此反思，导致大气中二氧化碳浓度逐渐增加的因素之一便是森林砍伐。在过去10年，仅在亚马逊雨林每年就有约10亿棵树木被砍伐，并且为了给印度尼西亚和马来西亚的棕榈油种植园腾出空间，越来越多的树木被砍伐和焚烧（焚烧树木释放了更多的二氧化碳）。最后，我们应该大幅减少甚至停止对森林的砍伐。但现在看来，这似乎不太可能。种些新树又怎么样呢？我在第6章也会讨论这个问题，种树确实能够在一定程度上降低大气中的二氧化碳浓度，但是需要大量的新树才能产生很大的影响。此外，树需要土地和水，但两者都很宝贵，这让这些新树将种在哪里以及如何种植变得难以落实。

那比如吸收、隔离和储存燃烧化石燃料的发电厂产生的二氧化碳这样其他形式的碳消除效果又如何呢？有人已经提出了这样做的建议，对此我将在第6章详细讨论。但是目前涉及的相关技术成本还非常昂贵，没有什么经济可行性。

不幸的是，任何大规模的碳消除和碳封存都存在一个大问题，即我们不知道如何去做，至少不知道如何在合理的成本下去做，我们缺乏可行性强的技术。可能在未来10年或20年会发生技术突破，但假如现在考虑把较大规模的碳消除和碳封存作为应对气候变化的重要解决方案，那成本太高了。[1]尽管如此，碳消除和碳封存还是被许多人看作是一个潜在的重要工具，并且排放目标通常以净排放的形式出现。它可能确实有所帮助，但如果没有重大的技术进步，碳的去除和封存对减少大气中二氧化碳的积累

---

[1] 关于碳移除技术，详见 National Research Council（2015）。

不会有太大的帮助，至少我们现在并不能指望它。

1.3 后续的讨论内容

在本章介绍中，我基本概括了本书的基本观点：即尽可能多且快地减少温室气体排放应该是气候政策的重要组成部分，但在任何现实情况下，我们很难使全球平均气温在本世纪末上升不超过2℃。在下一章中，我将对减排情景非常乐观地测算来说明这个问题。

当然，重要的是更高温度所带来的影响，而不仅是更高温度本身。我们不确定更高温度会带来什么样的影响，但其可能是严重的。这意味着我们需要另一种应对气候变化的方式，即气候适应。我给出了一些适应的例子，但它们只是例子，我们需要更仔细地研究气候适应所可能采取的措施。

那么，本书接下来会讨论什么？下一章会介绍"气候变化基础知识"，我会介绍一些在谈及气候变化和气候政策时经常使用的重要术语和概念。我将解释如何测量各种事物（温度、二氧化碳排放量、大气中二氧化碳浓度等），并介绍一些关于气候变化的基本事实。这将使我能够基于对减排情况的乐观估计进行一些简单的计算，来预测在本世纪余下时间内可能的温度变化情况。

即使我们准确知道未来几十年内多少二氧化碳和其他温室气体将被排放至大气中，我们仍然非常不确定排放对温度以及（间接地）对其他气候变化指标的影响会是什么。而且，即使我们准确知道全球平均气温未来几十年会上升多少，我们仍不确定升温和海平面上升会带来什么影响。鉴于过去几十年进行的所有研究，为什么对于气候变化及其影响仍存在如此大的不确定性？为了回答这个问题，我需要花一些时间更详细地解释我们对气候变化了解和不了解的内容，我们知识的不足之处，以及为何有些不确定性在未来能被解决或不能被解决，这将是第3章的主题。

在第4章中，我将讨论所有这些不确定性对气候政策的影响。不确定性难道不应该促使我们放缓推行气候政策，而不是现在就采取代价高昂的行动吗？正如我将解释的那样，不确定性会对政策产生两方面的影响。首先，它产生了保险价值：早期采取行动减少温室气体排放可以降低未来出现灾难性气候的可能性。其次，它提高了不可逆性的重要程度：不采取任何行动的等待会导致大气中二氧化碳浓度（几乎）不可逆转地增加，而早期行动则意味着不可逆的减排支出。正如我们将看到的，二者不可逆性作用的方向是相反的。

在第2章里，我们通过一些非常简单的计算展示了未来一个世纪可能发生的温度变化——假设我们能够成功地大幅减少二氧化碳排放。在第5章中，我将重温第2章中的计算，从顽固的乐观主义者视角开始，考虑未来几十年内减排的预期情况。例如，全球二氧化碳排放采取哪些路径是可行的？这些路径到本世纪末对全球平均气温的变化意味着什么？我将使用一个简单的模型来回答这些问题，该模型涉及二氧化碳和甲烷排放、大气浓度以及对温度的影响（这是一个简单的模型，但比我在第2章的计算中使用的模型稍微复杂一些）。我将展示，没有任何合理的减排情景，可以消除在2100年之前温度上升超过2℃的（极大）可能性。

在第6章和第7章中，我将回答一个非常重要的问题，即我们应该采取什么行动。第6章的重点是我们如何减少排放。比如，我们是否应该依赖碳税，如果是，税率应该是多少？"配额交易"系统是否更可取？它将如何运作？我们应该在多大程度上依赖直接监管和对"绿色技术"的补贴？鉴于气候变化是一个全球性问题，我们如何达成一项各国都减少排放的国际协议，来避免"搭便车"效应？还有，核能在"脱碳"电力生产中应该扮演什么角色？最后，从大气中去除二氧化碳可以减少净排放量，我将讨论去除二氧化碳的两种非常不同的方法：种植树木，以及碳去除和碳封存技术。

接下来，问题是在减少排放之外应该做什么，这将引申到适应性措施，也就是第7章的主题。我将回顾不同形式的私人适应和公共适应途径，并详细讨论几个例子。我会解释受极端温度和降雨影响极大的农业已经如何适应了气候变化，并可能进一步采取相关措施。我还将讨论对海平面上升以及更频繁强烈的飓风的适应潜力。然后，我将转向可能是最重要和最具争议性的适应方式，即地球工程。

1.4 延伸阅读

本书并不旨在介绍气候变化科学或气候变化经济学。相反，本书的目标是探讨气候政策的各个方面，并解释当前关于气候政策的思考方式是如何以及为什么被误导的。尽管我在书中解释了我们对气候变化的了解和不了解的内容，但我的讨论相对简要，一些读者可能希望获得更详细的介绍。对于这些读者，我建议阅读以下书籍和文章：

《气候危机大预警：热地球的经济麻烦与世界公民的风险对策》[①]（*Climate Shock: The Economic Consequences of a Hotter Planet*）由瓦格纳与威兹曼（Wagner 和 Weitzman）于2015年撰写，此书很好地介绍了气候变化科学和经济学，并解释了不确定性的本质。考虑到极端结果的可能性，它强调了"激进"适应的重要性，其中一个例子就是地球工程。

在《气候赌场：全球变暖的风险、不确定性与经济学》[②]（*The Climate Casino*）一书中，诺德豪斯（Nordhaus，2013）使用其 DICE（气候与经济动态均衡）模型进行教科书级别的解释，说明无限制的温室气体排放如何导致气候变化，并可能在未来引发严重问题。他还利用该模型来说明我们在思考气候系统和试图预测不同政策下预期变化时面临的一些不确定性。因此，该书为学生（和其他人）提供了关于气候变化政策的极佳介绍。此外，诺德豪斯（2019）概述了气候变化经济学以及为什么气候变化政策如此重要。

另外，还有3本关于气候变化的图书，更侧重于科学方面，它们是罗姆（Romm，2018）的《气候变化：你不得不知的那些事》[③]（*Climate*

---

① 《氣候危機大預警：熱地球的經濟麻煩與世界公民的風險對策》，此书仅有繁体版本，正文中为对应的简体译名。由大寫出版社于2016年出版，译者为畢馨云。ISBN：9789865695453。
② 《气候赌场：全球变暖的风险、不确定性与经济学》由东方出版中心于2019年出版，译者为梁小民。ISBN：9787547315231。
③ 该书中文版《气候变化（牛津科普读本）》，由华中科技大学出版社于2020年出版，译者为黄刚、熊伊雪、田群等。ISBN：9787568060165。

Change: What Everyone Needs to Know）、霍顿（Houghton，1997）的《全球变暖：完整介绍》[①]（*Global Warming: The Complete Briefing*）和伊曼纽尔（Emanuel，2018）的《我们对气候变化的了解》（*What We Know about Climate Change*）。

还有其他人提出过仅减少二氧化碳排放不足以消除发生灾难性气候的可能性，所以还需要适应措施，可以参考奥丁和扎克豪斯（Aldy 和 Zeckhauser，2020）的观点。

最后，如果想要详细讨论气候变化问题，并得出与本书类似的结论，可以阅读戈利耶（Gollier，2019）的著作《月底之后的气候》（*The Climate after the End of the Month*），这是戈利耶最近出版的一本佳作，该书为法语所著（为什么书名为"月底之后"？那是作者认为各位读者的薪水常在月底到账，对于大多数人来说，这比气候变化更重要）。

---

① 《全球变暖（第 4 版）》由气象出版社于 2013 年出版，译校者为丁一汇。ISBN：9787502956288。

[第2章]

气候变化的基本问题

气候变化的背后机制并不难理解，简而言之，即当能量以太阳光的形式到达地球大气层时，一部分被地球吸收。此外，总有一部分能量从（相对温暖的）地球传递至（相对寒冷的）太空中。流入的能量和流出的能量之间的差值称为辐射强迫，如果该差值为正（即流入的能量多于流出的能量），地球就会变暖。大气中的二氧化碳使太阳光被大气吸收的部分相对被反射的部分更多，如此便加剧辐射强迫，从而使地球变暖。

当我们使用化石燃料的时候，大气中的二氧化碳会越积越多（也会产生其他温室气体，其中最主要的是甲烷。这些我们稍后再谈，现在我们只关注二氧化碳）。二氧化碳浓度越高，辐射强迫就越显著。换句话说，二氧化碳会产生我们所说的"温室"效应，捕获更多（来自太阳和地球表面）的热量，从而导致气温升高。气温升高会导致环境和气候发生其他变化。例如，气候变暖会导致海水体积膨胀，使格陵兰岛和南极地区的冰川和冰盖破裂，海平面上升，并可能淹没沿海地区；海洋温度升高会为热带暴风雨和飓风提供更多能量，使其强度更大、破坏力更强。

但问题在于，我们很难精确预测气温将上升多少、海平面将上升多少，以及这些变化可能会产生怎样的影响。在进行预测的过程中还有很多不确定因素，我们将在下一章讨论。但现在回到我在导论中提出的观点——在任何现实中的排放情景下，大气中的二氧化碳浓度都可能大幅上升，因此气温也会同样上升，我们需要适应这样的气温上升。

说到这里，你可能会对我的观点表示怀疑。你可能认为我只是一个失败主义者，你会认为适应气温上升就意味着放弃我们需要做的减排工作。或许你认为"绿色新政"和类似于《巴黎协定》的气候协议就能把我们从气候变化中拯救出来（事实上，2015 年《巴黎协定》的前提假设是，各国将同意削减的排放量多到足以使得全球平均气温在本世纪末的上升小于 2 摄氏度）。因此，让我们回到一个根本的问题：为什么积极地削减二氧化碳排放量并不能阻止气温上升超过 2 摄氏度？要回答这个问题，我们需要理解二氧化碳排放量增加如何导致气温升高的一些细节，而这意味着我们需要先了解一些事实和数据。

2.1　一些事实和数据

虽然在后续章节我会提供关于改变二氧化碳排放量发展轨迹对气温的影响的详细分析，例如，碳排放量何时会停止增长，二氧化碳排放量将在何时、以多快的速度下降等。但在本章，我会先用一些简单粗略的计算来阐明这个问题。首先，我们先来了解一些关于如何测量排放量和二氧化碳浓度，以及大气中二氧化碳浓度的上升会如何导致更高的气温的基本信息。

1.我们如何测量这些指标？

（1）温度

在讨论气候变化时，我们常使用摄氏度作为测量温度（和温度变化）的单位，而不是用华氏度。因此，1.0 摄氏度的气温上涨指的是 1.0 摄氏度，也等同于 33.8 华氏度。

（2）二氧化碳排放

我们使用吨作为二氧化碳的单位（1 吨等价于 1 000 千克，可理解为约 2 205 磅）。年度二氧化碳排放量常以 10 亿吨为计量单位，缩写为 Gt。如第 1 章的图 1-2 显示，1950 年全球二氧化碳排放约为 60 亿吨，而 2019 年全球二氧化碳排放量已上升至 370 亿吨。

（3）净排放

关于碳的净排放，有很多从大气中去除二氧化碳（"碳消除"）和储存二氧化碳以防其再次进入大气（"碳封存"）的方法，我将在之后章节进行介绍，植树造林是方法之一。在碳消除和碳封存可行的范围内，我们想要计算二氧化碳从大气中被移除后的净排放量。有些国家（如英国）设定了至2050年净排放量为0的目标，这意味着2050年所有的二氧化碳排放都会被等量的二氧化碳移除抵消。

（4）碳和二氧化碳

有时你会看到排放以碳的吨数计量，而非以二氧化碳吨数计量。1吨二氧化碳仅含有0.2727吨碳（剩余的重量来源于与每一个碳原子连接的两个氧原子）。

（5）大气中二氧化碳浓度

大气中的二氧化碳浓度的计量单位为百万分率。在前工业化时期，1750年左右，大气二氧化碳浓度约为$2.8 \times 10^{-2}\%$。二氧化碳浓度在19世纪和20世纪早期缓慢上升，至1960年，达到$3.15 \times 10^{-2}\%$。然而从此以后，二氧化碳浓度开始稳定爬升，至2020年已达到$4.15 \times 10^{-2}\%$，如图1-3所示。

（6）二氧化碳排放和二氧化碳浓度

有些二氧化碳排放会被海洋吸收（我们后续会继续讨论"海洋吸收"），剩余的则留存在大气中。大气中的二氧化碳每增加10亿吨，二氧化碳浓度将会上升$1.28 \times 10^{-5}\%$。2019年，全球二氧化碳排放量约为370亿吨。忽略"海洋吸收"的情况下，该年的二氧化碳排放量使得大气中的二氧化碳浓度增加了（$37 \times 0.128 = $）$4.74 \times 10^{-4}\%$。

2.二氧化碳浓度如何影响气温？

接下来，我会提供一些事实、定义和更多的数据来展示二氧化碳浓度如何影响气温。

（1）全球平均气温

我们说的"全球变暖"指的就是全球平均气温的上升，即全球各地表面温度的平均值增加。但是注意，不同地域的气温上升可能有很大的差异。例如，1960年以来全球平均气温的上升接近1.0摄氏度，然而北极区域的气温上升了约1.5摄氏度，南半球的平均气温仅上升了0.5摄氏度有余。尽管如此，全球平均气温仍然是一个被广泛采用、有效的汇总统计量，我们之后也将使用这个统计量。

（2）气候敏感度

大气二氧化碳浓度翻倍（上涨100%）将会导致气温上升，这是可以想见的，但气温上升的程度是多少呢？我们不确定，但目前的气候科学研究认为这一数值应当在1.5～4.5摄氏度之间。没错，这一波动范围很大，我将会在下一章解释为什么波动范围会如此大。一个常用的数值是3.0摄氏度，处于波动范围的正中间。这一数值——大气二氧化碳浓度翻倍时全球平均气温上升的度数——被称为气候敏感度。在后文的计算中，我将使用3.0摄氏度作为二氧化碳浓度上升带来的气温上升的转换值。例如，这一数值告诉我们，二氧化碳浓度每上升10%，就会导致全球平均气温上升0.3摄氏度。[①]

（3）时滞性

大气二氧化碳浓度上升导致的气温上升并不是在一夜间发生的。它需要多长时间呢？这部分取决于二氧化碳浓度上升的幅度——二氧化碳浓度上升越多，时滞性越强。如果二氧化碳浓度上升较小，时滞约为10年，但如果上升幅度较大，则时滞可达到40年甚至50年。然而，对某一具体的二氧化碳浓度上升量，时滞的长短是不确定的。那么，在计算改变二氧化碳排放量发展轨迹对气温的影响时，我们应该使用什么数字呢？气候科学家可能会不认可，但30年是一个常用的数字。[②]换句话说，如果二氧化碳浓度突然翻了一倍，气温受到的即时影响是很小的，因为15年后气温才会上涨1.5摄氏度，30年后气温才会上涨3.0摄氏度。

（4）大气二氧化碳消散

二氧化碳一旦进入了大气，它就会在大气中留存很长一段时间。二氧

---

①　这是一个相对合理的近似值。温度变化实际上与二氧化碳浓度变化的对数成正比，而不是与二氧化碳变化成正比。另外，在其最新的出版物中，IPCC已经将气候敏感性的"最可能"范围缩小到2.5～4.0摄氏度。

②　完整的影响可能需要一个多世纪，但大部分的影响发生在几十年间。因此，30年是一个近似值，但却是一个合理的数值。

化碳从大气中消散的比例是每年0.25%～0.50%。因此，即使是波动范围中的最大值（每年0.5%的消散比例）也意味着今天排放的二氧化碳在50年后仍有78%留存在大气中。在以下的情景中，我将使用0.35%的消散率，该数值与1960年以来的实际数据最为匹配。0.35%的消散率意味着今天排放的二氧化碳在50年后有约84%留存在大气中，在100年后有约70%留存在大气中。[①]

（5）海洋吸收

二氧化碳从大气中消散后，会去到哪里？大部分会进入海洋（"海洋吸收"），另有一部分会进入土壤。"海洋吸收"产生了一个额外的问题：二氧化碳的吸收使海洋的酸度增加，人们担心这会对珊瑚礁和其他海洋生态系统产生不利影响（我将在第7章中讨论海洋酸化及其可能的影响）。[②]

（6）温度上升后未必下降

假设世界能够以某种方式大幅削减二氧化碳排放量。事实上，假设二氧化碳排放量在未来几年内被削减到0，会发生什么？一旦排放被完全消除，大气二氧化碳浓度将停止增长，并将开始缓慢下降（强调"缓慢"，是因为消散率非常低）。这是否意味着你的曾孙辈不必忍受你的孩子们将要忍受的高温呢？换句话说，随着大气二氧化碳浓度的下降，温度是否会同样下降，从而使地球最终回到开始的温度？并不会。不幸的是，温度对大气二氧化碳浓度变化的反应并不是对称的。如果我们将二氧化碳浓度增加一倍，温度确实会上升（经过大约20年或30年的时滞），但如果我们随后将二氧化碳浓度减半，温度将不会下降到之前的水平——至少在几个世纪内不会。这方面存在一些不确定性，但根据目前最精准的科学研究，即使在下个世纪，温度也只会上升而不会下降——即使明天就将二氧化碳排放量削减到0。

---

① 如果今天排放了1吨二氧化碳，50年后将留存0.84吨 $(1-0.0035)^{50}$，100年后将留存0.70吨 $(1-0.0035)^{100}$。
② 这对于你的曾孙辈而言是一个坏消息，但这个消息令人意外吗？

（7）其他温室气体和二氧化碳

其他温室气体也会导致全球变暖。其中最重要的是甲烷，我们将在后文讨论。按每吨计算，甲烷在使得全球变暖方面的潜力是二氧化碳的 28 倍左右。然而，甲烷散失得比二氧化碳更快，它只会在大气中留存 8 ~ 15 年，这大大限制了甲烷对气温的影响。有时，甲烷和其他温室气体根据其相对的使得全球变暖的潜力被转换为二氧化碳的"等量"，所有温室气体的总和被称为"二氧化碳–当量"（CO_2-we）。2020 年，大气二氧化碳浓度为 $4.15 \times 10^{-2}\%$，"二氧化碳–当量"浓度却接近 $5 \times 10^{-2}\%$。然而，使用"二氧化碳–等量"的数值可能会产生误导，因为不同的温室气体有不同的消散率，其浓度变化和导致的温度变化之间的时滞也各不相同。因此，我将避免使用"二氧化碳–当量"值，而是将二氧化碳、甲烷和其他温室气体的变暖效应分开处理。

（8）二氧化碳的重要性

尽管甲烷和其他温室气体会导致气候变化，但二氧化碳是目前为止最重要的影响因素。一个关键原因是，正如前文所提到的，甲烷和其他温室气体在大气中留存的时间并不长。今年排放到大气中的大部分甲烷将在 10 年内散失，而大部分排放的二氧化碳将留存许多年（并导致温度上升）。第二个原因在于：世界上根本没有那么多甲烷排放。按吨计算，甲烷的年排放量一直（并将持续）远远低于二氧化碳的年排放量。稍后我们将看到甲烷排放的上升也是个问题，但甲烷对温度的总体影响要比二氧化碳的影响小得多。

现在我们可以开始讨论排放量的急剧减少是否可以在本世纪末之前使得气温上升的幅度等于（或小于）2 摄氏度。

2.2 乐观的情景

在之后的章节（第 5 章）中，我们将更详细地研究二氧化碳排放的各种情形对气温的影响，以及在不同假设下，排放量停止增长的时间和排放量下降的速度（有些比较现实，有些不太现实）。但现在，让我们先进行一些简单的计算。这一章中，我们将对未来全球二氧化碳排放作出非常乐观的假设——乐观到现实中很难达成——并计算这种假设下，二氧化碳对本世纪末全球平均气温上升的影响。

我们的乐观假设是这样的：尽管全球二氧化碳排放量之前一直在稳步增长（年增长率接近2%，不考虑2020年因新冠大流行而出现的下降），我们假设从2020年开始，排放量将会持续下降。我们假设二氧化碳排放量在2020年达到370亿吨的峰值，随后年排放量直线下滑，到2100年降至0。因此，在我们的假设中，全球排放量到2050年将降至220亿吨左右（与1990年持平），然后继续下降。图2-1显示了这一排放路径（1960—2100年）。我们在此处忽略甲烷的排放（甲烷排放一直在急剧增长，且也会导致气候变暖），只关注二氧化碳的排放。

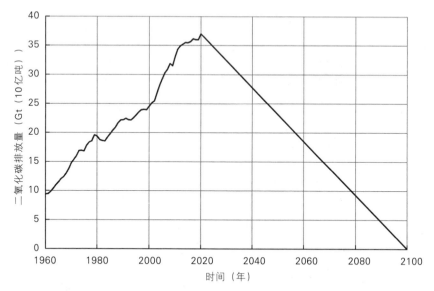

图2-1　乐观预测——1960—2100年二氧化碳全球年排放量

注：从2020年的370亿吨下降至2100年的0（不考虑甲烷排放）

除了忽略了甲烷这一事实外，为什么说这种假设是乐观的？毕竟，美国和欧洲已经在减排方面取得了进展。事实上，在最近的一篇文章中，

Heal（2017b）认为，对于美国来说，到2050年将二氧化碳排放量减少50%是可行的；甚至到2050年减少80%也是有潜力的，尽管这将是一个成本极高的挑战（从图2-1中可以看出，我们的情景仅假设到2050年全球排放量减少40%）。

问题是，理论的可行不代表现实中能够发生。例如，英国在2008年通过了一项《气候变化法案》，要求2050年的温室气体排放量至少比1990年的水平低80%，后来这一目标变得更为严格：到2050年实现净零排放。但到目前为止，英国甚至连原来的目标都还远远没有达成。如果到了2050年，英国没有达到目标，会发生什么呢？目前还完全不清楚（而且制定该目标的政客中还活着的人也不太可能去坐牢）。

回到第1章中的图1-2，一直稳步上升的全球排放量有多大可能性突然开始下降，并在本世纪末稳步降至0？如果您觉得不太可能，那么您会同意该假设是过分乐观的。

如果二氧化碳排放量像图里描绘的那样变化，那么它将如何影响全球平均气温？我们将先用一个非常简单的计算来回答这个问题，然后再尝试用一个不那么简单的方法演算并给出答案。

1.简单的计算

首先，我们来做一道非常简单的小计算题。为了让这部分计算尽可能简单（且保守），我们暂且忽略1960年前和2060年后的二氧化碳排放，同时忽略从大气中散失的二氧化碳（因为散失的二氧化碳占比很小）以及被海洋吸收的部分。那么，大气中二氧化碳量的增加就是1960—2060年这100年间排放量的总和，由于每10亿吨的二氧化碳排放使大气二氧化碳浓度增加1.28×10^{-5}%，我们可以把排放量转化为浓度的变化量。

乐观情况下，1960—2060年间二氧化碳排放量的总和是多少呢？我们可以利用图2-1计算：

总排放量为三角形A和C以及矩形B和D的面积之和，即24 800亿吨。乘以0.128，这意味着大气中的二氧化碳浓度将增加3.17×10^{-2}%。

首先，我们可以把1960—2020年的排放量近似成一条直线，参考图

2-2。那么这60年间的排放量便是图中的梯形部分（A+B）。三角形 A 的部分对应 $(\frac{1}{2} \times (37 - 9) \times 60 \times 10 =)$8 400亿吨，而矩形 B 的部分对应 $(9 \times 60 \times 10 =)$5 400亿吨，一共13 800亿吨。

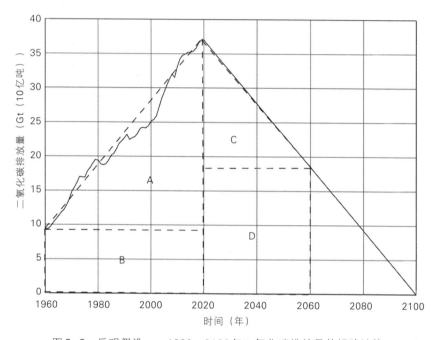

图2-2　乐观假设——1960—2100年二氧化碳排放量的粗略计算

接着，我们计算2020—2060年40年间的总排放量。从图2-2中可以看出，这一时期的总排放量也呈一个梯形（C+D）。三角形 C 的部分对应 $(\frac{1}{2} \times (37 - 18) \times 40 =)$380个10亿吨，即3 800亿吨，而矩形 D 的部分对应$(18 \times 40 =)$720个10亿吨，即7 200亿吨，C+D一共1 100个10亿吨，即11 000亿吨。

将这两个阶段加总，1960—2060年这100年间的总排放量为（1 380 + 1 100 =)2 480个10亿吨（即2.48万亿吨）二氧化碳。把它乘上1.28 × 10^{-5}%，我们得到大气中的二氧化碳浓度将会上升3.17 × 10^{-2}%。

1960 年大气中的二氧化碳浓度为 $3.15 \times 10^{-2}\%$，因此 $3.17 \times 10^{-2}\%$ 的增加量意味着大气中的二氧化碳浓度恰好翻倍。如果气候敏感度为 3.0，那么届时气温将上升约 3 摄氏度。没错，这远远超过了 2 摄氏度的极限。

2.略复杂的计算

你也许会觉得上面的计算过于简单，毕竟我们忽略了散失的二氧化碳，而且在计算气温变化时以 1960 年的 $3.15 \times 10^{-2}\%$ 这一较低的浓度作为基准。[①]因此，让我们再次计算气温变化，但这次要考虑二氧化碳散失和二氧化碳浓度的逐年变化（不像上面的计算能够在草稿纸上快速得出，这里的计算也许需要许多草稿纸，但使用简单的 Excel 表格应该可以很容易完成）。

我们将再次参考图 2-1 所示的排放轨迹。为了得到大气中的二氧化碳浓度，我们从 1960 年的实际浓度开始，然后在之后的每一年，加上二氧化碳浓度的增加量[②]（先把排放量的 10 亿吨换算成以浓度计量的百万分之几）并减去散失量（按每年 0.35% 计算）[③]。例如，1961 年的排放量为 90 亿吨，则在 $3.15 \times 10^{-2}\%$ 的二氧化碳排放量基础上增加了（9×0.128＝）$1.15×10^{-4}\%$。1961 年的散失量为（0.0035 × 315 ＝）$1.10 \times 10^{-4}\%$，因此净增加量为（1.15 － 1.10 ＝）$0.05 \times 10^{-4}\%$，从而得出 1961 年的浓度为（315 + 0.05 ＝）$315.05 \times 10^{-4}\%$。然后，我们使用同样的方法计算出 1962 年、1963 年的浓度，以此类推。

图 2-3 展示了与图 2-1 中排放轨迹相对应的大气中二氧化碳浓度的变化轨迹。请注意，尽管浓度一开始上升非常缓慢，但随着排放量的增加，上升速度明显加快，因此到 2000 年浓度已上升至 $3.6 \times 10^{-2}\%$；而在 2070 年之后，尽管二氧化碳排放量仍为正值，但二氧化碳浓度却在下降。原因

[①]　看上去太简单？也许并不简单。在最近的 1 篇论文中，克莱因（Cline，2020）指出，依据二氧化碳的累积排放量可以对全球变暖作出合理估计。

[②]　译注：这里原文是 percentage increase，但例子里不是 percentage。

[③]　作者注：如果 E_t 为第 t 年的排放量，M_t 为二氧化碳浓度，δ 为消散率，则浓度 $M_t = (1-\delta)M_{t-1} + E_t$。

是现在的排放量足够低，浓度足够高，因此现有二氧化碳存量的散失量超过了新排放量。

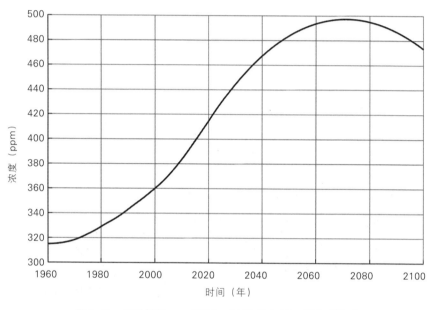

图2-3 乐观假设——1960—2100年大气二氧化碳浓度

到2070年，浓度达到峰值（约 $5 \times 10^{-2}\%$），然后开始下降，因为二氧化碳存量的散失超过了新排放量对存量的增加。

这种情况下全球平均气温会上升多少？简单起见，我们将忽略大气中二氧化碳浓度的增加对气温的影响所需的时间，也就是假设二氧化碳浓度的增加会立即对气温产生影响。在我们的假设情景中，2020年起排放量将下降，但大气中的二氧化碳浓度仍将上升（直到2070年，如图2-3所示）。二氧化碳浓度的上升将继续影响气温，而浓度的下降不会导致气温下降，至少到本世纪末不会。

图2-4显示了在我们的乐观假设下，大气二氧化碳浓度变化带来的累积气温变化（以1960年为基准）。我们假设气候敏感度为3.0，且二氧化碳浓度的增加会立即影响气温。为了计算气温的变化，我们将每年二氧化

碳浓度增加的百分比乘以3.0，以确定其对下一年气温的影响①。例如，在2000年，二氧化碳浓度增加了约0.5%，这导致2001年气温上升（0.005 × 3.0 = ）0.015摄氏度。

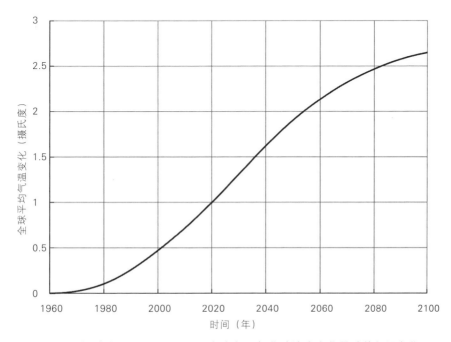

图2-4 乐观假设——1960—2100年大气二氧化碳浓度变化导致的气温变化

观察图2-4中我们可以发现，在乐观情景的假设下，气温会稳步上升，在2050年后突破2摄氏度大关，到2100年达到大约2.7摄氏度。如果气候敏感度的实际值是3.0，那么大气中二氧化碳浓度的上升，即使上升的速度在下降（2070年后浓度也下降），也根本无法阻止气温上升超过2摄氏度。

2050年后气温将上升2摄氏度，到本世纪末将上升约2.7摄氏度。

---

① 作者注：设 M_t 为第 t 年的二氧化碳浓度，则浓度增加的百分比为（M_t/M_{t-1}）−1，我们用 gM_t 表示，那么浓度增加对第 $t+1$ 年气温的影响为 $3.0gM_t$。

2.3 底线思维

这些粗略的计算告诉我们什么？尽管美国、欧洲和其他一些国家正努力减少温室气体排放，并"承诺"将进一步减少排放，但全球平均温度仍很可能会上升2摄氏度，并且这最早可能在2040年发生。之后，温度可能会继续上升，在本世纪末上升大约3摄氏度。正如我前面解释的那样，这是一种乐观情景下的估计，因为一直在稳步上升的全球排放几乎不可能突然开始下降，并在本世纪末降至0。此外，我们粗略地计算忽略了其他温室气体，特别是甲烷。出于各种原因，全球甲烷排放量也一直在上升。虽然甲烷从大气中散失的速度比二氧化碳快得多，但却有很大的导致全球变暖的潜力（我将在后面更详细地讨论甲烷问题）。

请注意，我说的是"全球平均温度很仍可能会上升……"强调"可能"这个词很重要。正如我所说，并将在下一章中详细解释的那样，气候变化方面的问题存在着很多不确定性。以气候敏感度为例，即在气候系统恢复平衡后，大气二氧化碳浓度增加1倍所导致的温度上升是不确定的。图2-4是基于气候敏感性等于3.0来计算的，这个数值位于1.5～4.5的"最可能"范围的正中间，也是IPCC目前的最佳估计。但是，如果我们使用这个范围的最小值（1.5），到本世纪末的温度上升将远远低于2摄氏度。而如果我们使用这个范围的最大值（4.5），计算出来的温度上升将超过4摄氏度。我们根本不知道气候敏感度的真实值（以及气候系统的各种其他方面的真实数值），这意味着我们不能确定地说，我们的设想意味着到本世纪末温度上升接近3摄氏度。我们只能说，这种程度或更高的温度上升是在"很可能"的范围内，或者至少是相当可能的。

尽管我们不能确定乐观假设下的温度上升，但我们目前上升3摄氏度的可能性仍然说明了很多问题。这意味着，尽管我们尽最大努力减少排放，我们仍需要准备好面对这种程度甚至更大程度的温度上升，以及这种温度上升对气候的其他方面的影响。乐观是好事，但处理公共政策问题时，让人们相信温室气体减排将足以避免气候灾难的风险是不负责任的。

2.4　延伸阅读

我需要再次强调，本书并不作为对气候变化有关的科学原理和经济效应的完整介绍。尽管我会在下一章阐释我们对气候变化究竟了解哪些、不了解哪些，但我的讨论也会很简短，一些读者可能希望看到对这个问题更详细的介绍。对于这些读者，我推荐阅读以下这些书籍和文章：

关于我们对气候变化、其影响和可能的缓解战略的当前了解（至少截至 2014 年），有一系列完整详细的文件，详情可见联合国政府间气候变化专门委员会 2014 年的 3 卷报告、该委员会于 2018 年发布的关于温度上升超过 1.5 摄氏度可能产生的影响的特别报告，以及 2021 年关于基础物理科学的报告。

梅特卡夫（Metcalf，2019）的《为污染买单：为什么征收碳排放税对美国有利》（*Paying for Pollution: Why a Carbon Tax is Good for America*）对碳排放税为何是减少二氧化碳排放的最有效方式作出了精彩的解释。我推荐这本书作为气候变化的经济学介绍。

关于其他几篇技术性更强的文章，其中也提供了气候变化的经济学概述，见 Heal（2017a）和 Hsiang 和 Kopp（2018）。

到本世纪中叶，将二氧化碳排放量减少 50% 甚至 80% 有多难呢？希尔（Heal，2017b）展示了美国可以如何做到这一点，并解释了为什么到 2050 年减少 50% 的排放量是可行的，以及到 2050 年减少 80% 亦是可能的，尽管这具有挑战性且成本高昂（但同样，该分析是针对美国的排放，而非全球的排放）。

我们为什么总是在等待针对气候变化采取行动？我们不应该只是等待，斯特恩（Stern）2015 年出版的书已敲响了警钟，并提供了对气候变化的科学和经济学方向的良好概述。

也有一些不同的观点，隆伯格（Lomborg，2020）认为，气候变化虽然真实且重要，但并非媒体和政客们经常展现得那么紧急。隆伯格认为，虽然对气候变化采取行动确实是有必要的，但许多已经被提出或被采取的政策将对经济、贫困问题和疾病产生负面影响，而对解决气候问题却没有什么作用。与此类似，库宁（Koonin，2021）强调了一个事实，即我们对气候变化知之甚少。但与本书所传达的信息不同，他否认了预防气候变化风险的必要性，并声称内在的不确定性意味着我们应该静观其变而不是现在就采取行动。

[第3章]
我们对气候变化的所知与未知

在探索气候变化问题的潜在解决方案之前，我们有必要更详细地探讨一下对气候变化作用机理的认知。尽管我们对气候变化已有诸多了解，但自然演化仍有许多我们尚未知晓的内容。即使我们知道二氧化碳和其他温室气体在未来几十年的确切排放量，我们也无法（以任何合理的精度）预测这将导致全球平均气温上升多少。即使我们能预测变暖的程度，我们也无法预测它的影响，而这才是最重要的。事实上，在气候变化及其影响方面，我们面临着相当大的不确定性。正如我们所见，这种不确定性对政策至关重要。

正如第2章所解释的那样，气候变化背后的基本机制相当简单。当太阳光到达地球大气层时，一部分能量将被地球吸收。此外，一些能量总是从（相对温暖的）地球辐射到（相对寒冷的）太空。我们把流入和流出的能量之差称为辐射强迫。如果辐射强迫是正的，地球就会变暖。大气中的二氧化碳提高了太阳光被吸收部分与反射到太空部分的比值，从而使地球变暖。

当我们燃烧煤炭时，越来越多的二氧化碳积聚在大气中，从而增加了辐射强迫，导致温度升高。更高的温度会导致环境和气候的其他变化。举个例子，气候变暖会导致北极和南极地区的冰川破裂与海水的热膨胀，导致海平面上升，并可能淹没沿海地区。同时，更高的海洋温度为热带风暴和飓风提供了更多的能量，令其更加猛烈、更具破坏性。

但是，随着大气中二氧化碳浓度的增加，气温会上升多少呢？气温升高会在多大程度上导致海平面上升，使得飓风变得更加猛烈、更具破坏性呢？这些影响在世界不同地区又有何差异呢？不幸的是，我们并不知道这些问题的答案，但这并不表示我们对二氧化碳浓度上升对气候的影响一无所知。我们对可能结果的影响范围会有一个合理的判断。但这个范围相当广泛，本章的目的便是解释其中的原因。

正如我在前言中所说，几乎所有人都同意气候变化是一个大问题。对于整个世界来说，气候变化将是代价高昂的，这便是为什么我们要付出巨大努力。但气候变化又蕴含着相当大的不确定性。即使我们能够准确预测未来几十年我们将经历的气候变化的程度，我们也不清楚它可能带来的经济和社会影响。正如我们所见，气候变化代价的不确定性对气候政策有着重要的影响。

还有另一个问题。假设我们不仅可以准确预测气候变化的程度，还可以准确预测其经济影响（以美元或GDP减少的百分比表示）。大多数经济影响将在遥远的未来发生，可能在2050年或更晚。然而，气候政策的成本会来得更快（至少希望如此）。因此，要评估任何气候政策，我们都需要将遥远未来的经济影响与近期的政策成本进行比较。这意味着我们需要一个贴现率，这样我们才能确定这些未来影响和成本的现值。我们使用的这个贴现率非常重要：高贴现率意味着在遥远未来发生的经济影响的当前价值很低，因此不太需要立即采取严格的减排政策；低贴现率则意味着相反的结果。所以我们用来评估备选气候政策的"正确"贴现率该是多少呢？事实证明，对于什么是"正确的"贴现率，存在相当大的分歧（至少在经济学家之间），这使得气候政策进一步复杂化。

3.1　碳的社会成本

为了更好地理解这个问题，假设我们确切地知道正在进行的二氧化碳排放会导致多少气候变化，以及这样的气候变化带来的具体代价。具体来说，假设我们可以确定今天向大气中排放1吨额外的二氧化碳会对气候产生什么影响，将这种气候变化造成的未来成本以损失的 GDP 金额表示，并最终用商定好的贴现率计算这种成本的现值（即用今天的货币价值来表示）。这个额外排放 1 吨二氧化碳的成本即被称为碳社会成本（social cost of carbon，SCC）。它之所以被称为"社会成本"，是因为这种成本并不是由排放二氧化碳的家庭或企业承担的，而是由全社会承担的。因此，排放二氧化碳的成本对家庭或企业来说是外部的，这就是为什么我们把它称为外部性。[1]

应该说，碳社会成本将是碳税的基础，因为根据其征税可以修正家庭和企业不承担其二氧化碳排放的全部成本的现状。如果你排放了 1 吨二氧化碳，并给社会带来了 100 美元的成本，那么你应该被要求支付这个成本，即以 100 美元碳税的形式弥补你的 1 吨二氧化碳排放所造成的损害。因此，如果我们能够以某种方式估计全球范围内的社会成本，进而知道需要多大规模的碳税，我们就将——至少"原则上"——知道如何解决气候问题。这里所说的"原则上"，是因为需要很多国家同意这个"解决方案"，而不是"搭便车"来让其他国家处理问题。这显然是一个艰巨的任务，但至少我们将知道需要什么。

那么，社会成本有多大呢？答案是我们不知道。有人认为气候变化将是适度的，对大多数国家的经济影响很小，并且将会在遥远的未来发生（使得任何经济影响的现值很小）。这意味着碳的社会成本很小，可能每吨二氧化碳将付出 20 美元左右的减排成本。其他人则认为，如果没有立即采取严格的温室气体减排政策，很有可能出现大幅度的温度上升，对经济产生灾难性的影响，并且这种影响将会迅速发生。这将意味着碳社会成本很高，可能会是每吨二氧化碳 200 美元，甚至更高。[2]

我们为什么无法确定社会成本的大小？难道我们不能通过使用综合

---

[1] 一些微观经济学教科书将一项活动的社会成本定义为总的私人成本加上外部成本。然而，在气候变化文献中，社会成本一词通常仅指外部成本，所以我将在这里使用这一定义。

[2] 我看到已发表的最高估计成本是每吨 400 美元。最近，我调查了几百名气候科学和气候经济学专家，以获取他们对社会成本的意见。我发现专家之间分歧巨大，导致了估计的碳社会成本的变动很大。这可能仅仅反映了我们对气候变化底层的科学和经济学知识了解非常有限，但也意味着从我的调查结果中无法推断出单一的社会成本估计值。

评估模型（integrated assessment models，IAMs），即通过将温室气体排放及其对温度的影响（即气候科学模型）与减排成本的预测，以及对气候变化如何影响产出、消费和其他经济变量的描述（即经济模型）进行"整合"来确定社会成本吗？确实，一些对气候变化和气候政策感兴趣的经济学家已经建立了这样的模型。[①]然而，这些模型中的许多关系只适用于特定条件，与理论或数据的联系很小。因此，这些模型作为政策工具或可靠估计碳社会成本的手段并不是很有用（我将在后面详细讨论这些模型）。

根本问题在于我们对气候变化，尤其是气候变化的经济影响的认识是有限的。气候变化过程中的某些部分我们了解得相当清楚。虽然仍有不确定性，或是对其中的一些数据存在分歧，但至少我们对正在发生的情况有较好的了解。然而还有其他一些部分我们了解得少得多，甚至有些部分我们几乎完全不了解。下面一节是对气候变化及其影响的机制的简要总结，并将着重解释哪些机制我们已然了解，而哪些机制我们仍一无所知。

3.2 气候变化的基础

为了简化问题，我们暂时不考虑甲烷和其他温室气体，而是重点关注二氧化碳，因为它是迄今为止引起气候变化最为重要的因素。为了更好地说明我们对它的了解程度，我们有必要回顾二氧化碳排放量在大气中产生并积累的基本机制，并回顾大气中二氧化碳浓度增加是如何导致气候变化的、气候变化的影响以及这些影响如何从经济角度进行评估。要想知道如何减少排放以及需要付出什么样的代价，我们可以考虑在"一切如常"（business as usual，BAU）情况下（即不采取任何减排措施）预测未来一

---

① 最早的此类模型之一，是由威廉·诺德豪斯在近30年前开发的，是整合气候科学和温室气体排放影响的经济方面的早期尝试。早期的模型通过阐明关键变量之间的动态关系，以及这些关系的影响，以清晰而令人信服的方式帮助经济学家理解其中的基本机制。但在过去的一二十年里，这些模型变得庞大而复杂，但几乎没有帮助我们更好地理解温室气体排放如何导致温度升高，进而造成（可量化的）经济损失。

个世纪内的气候损害，并和不同减排政策情况进行比较。预测的步骤
如下。

　　1.GDP增长

　　温室气体排放来源于经济活动。如果全球所有经济活动停止，没有生
产也没有消费，那么人为造成的排放也会停止。因此，预测温室气体排放
的第一步是预测未来一个世纪的GDP增长。然而这并不容易！预测不同
国家或地区在未来5年内的GDP增长已经很困难。例如，没有人预料到
2008年金融危机后的全球经济衰退，以及2020年新冠疫情引发的严重经
济衰退。试问欧洲和日本的GDP增长在过去10年中一直很低迷，并且受
到新冠疫情的冲击，它们在未来几年内会有所反弹吗？这些我们都不知
道。但即使我们可以预测未来5到10年的GDP增长，（对预测长期气候变
化来说）也是不够的，我们至少需要预测未来50年的GDP增长。这是个
艰巨的任务，而且显然存在相当大的不确定性。

　　2.温室气体排放

　　让我们继续前进，假设我们能对本世纪末各地区的GDP增长进行合
理的预测。我们将可以利用这些信息来预测未来二氧化碳排放（以及其他
温室气体的排放）在"一切如常"，即没有减排政策的情况下的情况。为
此，我们可以将二氧化碳排放与GDP关联起来，然后使用我们对未来
GDP的预测值（来预测温室气体排放）。但这一方法存在问题，部分原因
是二氧化碳排放与GDP之间的关系一直在发生变化，并且很可能以一种
不可预测的方式继续变化（如新冠疫情大流行带来的出行大幅减少）。当
我们试图根据一个或多个减排方案或GDP增长的不同情景来预测二氧化
碳排放时，我们将面临相同的问题。

　　3.大气中温室气体浓度

　　若我们对本世纪末的二氧化碳排放量进行预测，我们便可以利用这些
预测来进一步预测未来大气中的二氧化碳浓度，考虑到过去、当前以及未
来的排放（对甲烷也可以做类似的分析，但由于它在大气中消散的速度相
对较快，我们将重点放在二氧化碳上）。这里存在一些不确定性，因为二
氧化碳的消散速率在一定程度上取决于大气和海洋中二氧化碳的总浓度。

但相对于其他不确定性（见下面的讨论），将排放量转化为浓度可以做到相当准确。

4.温度变化

现在我们来到比较困难的部分。我们希望预测全球（或地区）平均温度变化，以及其他气候变化指标，如降雨变异性、飓风频率和强度以及海平面上升。这些变化都可能由于较高的二氧化碳浓度而引起。我们不能通过应用某个气候敏感性值来预测任何特定二氧化碳浓度增加可能导致的温度变化吗？在第2章中，我们就是这样做的（对于一个"乐观"二氧化碳排放情景），使用了一个中间值3.0来表示气候敏感性。但正如我所解释的，我们不知道气候敏感性的确切值。直到2021年，联合国政府间气候变化专门委员会（以下简称IPCC）宣布"最可能"的范围为1.5～4.5，而2021年他们将其缩小为2.5～4.0。如果我们将IPCC认为"不太可能"但实际可能存在的值包括进来，范围将是1.0～6.0。即使是2.5～4.0，对温度变化来说，也是一个很大的范围。除了这种不确定性，二氧化碳浓度增加和其对温度影响之间的时间滞后是多久呢？10～50年，但同样，这是一个很宽泛的范围。

5.气候变化的影响

让我们继续向前，假设我们知道未来几十年温度将增加多少（以及海平面将上升多少等），并根据损失的国内生产总值（GDP）和消费来预测这些变化的经济影响。现在，我们来到了完全未知的领域。大多数综合评估模型（IAMs）通过加入与温度变化相关的"损害函数"来进行这样的预测，但这些损害函数并不基于任何经济（或其他）理论，也没有任何经验证据支持。它们本质上只是随意定义的函数，被编造出来描述当温度升高时GDP可能下降的情况。更糟糕的是，"经济影响"包括间接影响，如气候变化对社会、政治和健康的影响，可能以某种方式被货币化并添加到损失的GDP中。在这方面，我们也完全处于未知。对于较高温度可能产生的社会和政治影响以及较高温度如何影响不同国家的死亡率和发病率，存在一些猜测，但实际的经验证据非常有限。基本上，我们不知道真正的损害函数是什么样的。总而言之：预测气候变化的影响是分析中最具推测性的部分。

6. 减排成本

为了评估一个候选的气候政策，我们必须将政策的收益与成本进行比较。收益包括减少由气候变化导致的损害，例如减少可能由气候变化导致的GDP损失。估计这些收益同样是一个问题，因为如上所述，预测气候变化的影响是高度推测性的。确定候选的气候政策的成本则需要估计不同程度的减排下温室气体排放的成本，包括现在和未来。少量减排（如将二氧化碳排放量减少10%）相对较容易，但大量减排（如将排放量减少70%或80%）成本可能非常高昂。但是有多高昂？我们是不确定的，部分原因是我们没有减排70%或更多的经验。在未来几十年，减排成本会如何变化？回答这个问题需要对可能降低未来减排成本的技术变革进行预测，而技术变革很难预测。再一次，我们面临相当大的不确定性。

7. 评估当前和未来的GDP损失

最后，让我们设想可以以某种方式确定因温度升高导致的年度经济损失（以GDP衡量）。同时，我们也假设知道在"一切如常"（没有采取任何减排措施）情况下温度的增长，以及在某种特定减排政策下的温度增长。这一减排政策的年度成本（同样以GDP损失衡量）也是已知的。那么，我们如何评估这个政策？或者换句话说，我们该如何将政策的收益与成本进行比较？我们需要知道贴现率，以便将目前的消费损失（来自减排成本）与减排政策导致的经济损失减少所带来的未来消费增益进行比较。[①]贴现率（在这种情况下是社会时间偏好率，因为它衡量社会对未来消费损失与今天的价值）非常重要：低贴现率（比如1%左右）使得可以更容易地为立刻采用严格的减排政策进行辩护；而高贴现率（比如5%左右）则相反。那么，"正确"的贴现率是多少？正如我们所见，经济学家

[①]　我们可能还想了解社会福利函数，即因GDP损失（以及因消费损失）而导致的社会效用损失。如果GDP和消费非常高，那么因GDP损失5%而导致的效用损失会比GDP和消费较低时的损失要小。我稍后会讨论这个观点。

对于其数值并没有形成统一的意见。

总而言之，在气候变化的某些方面，特别是温室气体的排放量和浓度，我们有足够的知识储备，以作出合理的预测。的确，预测仍然存在不确定性，特别是在预测50年或更长时间的时候；但至少我们可以确定不确定性的性质，并在一定程度上约束它。然而，在气候变化的另一些方面，例如温度、海平面和飓风强度的变化，以及最值得注意的是，这些变化的经济影响我们知之甚少。现在让我们更详细地讨论我们知道什么和不知道什么，并试着去了解为什么我们不知道某些事情，不确定性的程度，以及在未来几年内不确定性降低的可能性。

3.3　我们所了解的（或部分了解的)?

对于气候变化过程的机制，有一些我们相当了解。虽然变化机制有关的具体数据仍存在相当的不确定性，但至少我们可以估算这些数据，并给出合理的区间。

3.3.1　是什么驱动了二氧化碳的排放？

煤炭燃烧会产生二氧化碳，这很容易理解。但未来几十年将燃烧多少煤炭，排放多少二氧化碳呢？答案取决于经济活动和减排努力。我们暂时先不考虑减排努力，这将在气候变化政策部分进行讨论。我们现在要讨论的是，在没有减排政策的情况下，是什么推动了二氧化碳排放？答案是经济活动。

很大一部分经济活动——无论是生产还是消费商品和服务——都涉及碳消耗。在生产方面，工厂需要能源来运作，而无论是直接使用（如燃烧煤炭和残余燃油生产铁、钢、铜和其他金属），还是间接使用（如燃烧化石燃料生产电力，进而用于生产铝），这些能源大多来自化石燃料。在消费方面，我们燃烧化石燃料来供暖、驾驶汽车和在世界各地穿梭。因此，随着经济活动（通过GDP表示）的增加，二氧化碳排放量也将增长。假设我们对未来几十年的GDP增长有一个预测，我们能用它来预测二氧化碳排放吗？正如你将看到的，这有些复杂。下面我们介绍若干概念，以更好理解本章。

1.碳强度

国内生产总值（GDP）和二氧化碳排放之间的关系是复杂且波动的。在过去的50年左右，美国、欧洲、中国和大多数其他国家的单位GDP排放的二氧化碳量逐渐下降。这个比率，即单位GDP排放的二氧化碳量，被称为碳强度。碳强度下降有几个原因：

•GDP的组成，即构成GDP的商品和服务的比重，一直在发生变化。与50年前相比，服务业（例如医疗保健、娱乐、零售等）相对制造业和运输业变得更加重要，而服务业使用的能源较少，因此排放的二氧化碳也较少。

•技术进步使得我们生产和利用商品和服务时使用的能源减少，因此二氧化碳排放量也减少了。例如，汽车、卡车和公交车的燃油效率比50年前高得多，家庭和商业供暖和制冷系统也更加节能。

•能源本身正在变得更加"绿色"。可再生能源的发电量（尤其是风能和太阳能）一直在增长，而化石燃料（尤其是煤炭）的能源比例一直在下降。此外，虽然不算"绿色"，但是从煤炭转向天然气可以将二氧化碳排放量减少一半。

为了更好地理解未来可能发生的情况，我们可以进一步将碳强度分解为若干因子，可以通过以下方式进行测量和理解碳强度：

（1）能源强度

能源强度是每单位GDP消耗的能源量。我们用以太单位（10^{15} BTU，表示为quad）来衡量能源消耗，用10亿美元为单位来衡量GDP。[①]为了进行国际比较，我们使用汇率或购买力平价指数将一个国家的GDP转换为美元。[②]因此，能源强度的单位是quad /10亿美元。

---

① 1英热单位（BTU）是将1磅水的温度提高1华氏度所需的热能量。在公制系统中，能量单位是卡路里（calorie），它是将1克水的温度提高1摄氏度所需的热量。1个英热单位约等于252卡路里。

② 汇率是由货物交易流动和资本流动决定的，但许多人消费的商品并不是贸易的（例如住房、交通和食品），人们也不会（直接）消费资本。与汇率不同，购买力平价（PPP）指数允许我们将一国货币转换为另一国货币，以人们实际能够消费的东西为基准。

（2）能源效率

能源效率有时也称为碳效率或二氧化碳效率，它表示每消耗 1 quad 能源所排放的二氧化碳量。例如，如果能源来自风能或太阳能，几乎不会排放二氧化碳。如果能源来自天然气，则会排放适量的二氧化碳，而如果能源来自煤炭，则会排放大量二氧化碳。对于能源效率，我们使用兆吨（Mt，百万吨）来衡量二氧化碳排放量，因此能源效率的单位是每兆吨二氧化碳/quad。

（3）碳强度

碳强度以每 10 亿美元 GDP 所排放的二氧化碳量（以兆吨）计，也可以简单地将碳强度表示为能源强度和能源效率的乘积：

碳强度 = 兆吨二氧化碳/10 亿美元

= （quads/10 亿美元）×（兆吨二氧化碳/quads）　　　　（3-1）

之所以将碳强度分解为两部分，是因为能源强度和能源效率背后的驱动因素大不相同。

碳强度的分解意味着如果我们想要预测未来几十年的二氧化碳排放量（无论是否采取一些减排政策），我们需要做以下几点：预测 GDP 增长；预测能源强度的变化；预测能源效率的变化。

此外，我们还需要对每个主要国家，或者至少对世界上不同地区进行这样的预测，因为不同国家和地区的 GDP 增长、能源强度和能源效率可能会有很大的差异。下面将对此详细解释。

2.GDP 增长

图 3-1 显示了 1960—2018 年间美国、日本、中国和印度在 2010 年美元可比价基础上的 GDP。对于美国，实际（即扣除通胀因素）GDP 增长率在衰退期间波动（如 1982 年的 -1.8% 和 2009 年的 -2.5%），而在复苏期间增长较大（如 1984 年的 7.2%），但年均增长率为 2.0%～2.5%。图中没有显示 2020 年全球大部分地区由于新冠疫情而遭遇经济的深度衰退。根据这场疫情引起的衰退中的复苏情况，我们可能预计美国在未来一至两个 10 年内将恢复到历史增长率。但我们能否预计在 21 世纪其余时间内看到相同的增长率？我们无从得知。

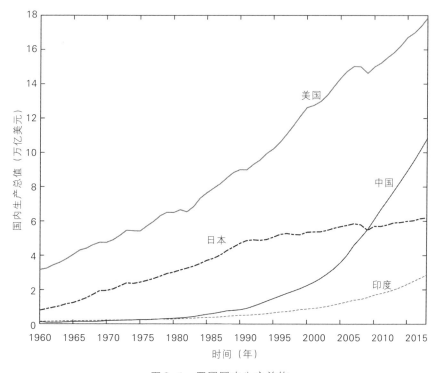

图 3-1 四国国内生产总值

注：美国、中国、日本和印度 GDP，1960—2018 年，以 2010 年美元可比价计。

资料来源：World Bank。

对于图 3-1 中显示的其他 3 个国家，预测其 GDP 增长更加困难。日本的 GDP 在 1960 年至 1992 年期间年均增长率约为 5%～6%，但从 1992 年开始年均增长率不到 1%。日本的经济在疫情后的几十年内能否恢复增长？我们不知道。中国的情况恰恰相反：20 世纪 60 年代、70 年代和 80 年代初的增长缓慢，而从 1990 年开始的平均增长率约为 9%，中国经济的增长在未来几十年内会放缓吗？即使可能会，但放缓的幅度有多大？从人口规模来看，中国和印度是世界上人口最多的国家。它们的 GDP 在本世纪其余时间内会是什么样？

预测任何国家的 GDP 增长都是非常困难的，即使只做几年的预测。对于完全不同的经济体，预测其未来 10 年、20 年或 50 年的 GDP 增长显然会基于目前的态势。[1]但正如我们将看到的，这比我们为了评估本世纪其余时间内的气候变化需要进行的其他一些预测还是更为确定的。而且由于我们了解GDP增长的重要驱动因素，我们可以合理地就这些预测进行讨论，甚至评估这些预测的不确定性。

3.能源强度

能源强度以quad（10^{15} BTU）为单位，表示每10亿美元的GDP消耗的能源量。

图3-2显示了自1980年以来世界、美国、欧洲、印度和中国的能源强度变化（图中没有显示由于新冠疫情大流行造成的2020年能源强度的急剧下降，因为新冠疫情严重限制了旅行以及汽油和喷气燃料的消耗。这种下降可能是暂时的，也可能不是）。从图3-2中可以看出，美国和欧洲的能源强度持续下降（尽管美国的能源强度始终较高）。这种下降主要是由于美国和欧洲GDP构成的逐渐变化，以及GDP的生产和消费方式的变化。与1980年相比，服务业（如医疗保健、保险、零售业）在GDP中所占比重更大，而服务业的生产所使用的能源往往比制造业的生产所使用的要少。此外，我们在生产、利用商品和服务方面的改进使得所消耗的能源减少。例如，汽车和卡车的燃油效率大大提高，家用电器（如冰箱、洗衣机和电视机）以及家庭和商业的供暖和制冷系统也变得更加节能。

正如图3-2清楚地显示的那样，中国的能源强度下降幅度最为显著。1980年，中国的能源强度非常高（约为世界平均值的5倍），一部分原因是中国的GDP非常低，另一部分原因是商品和服务生产和使用方式的简单变化就可以大幅度减少能源消耗。因此，中国的能源强度从1980年的约0.06 quads/10亿美元下降到2000年的约0.02 quads/10亿美元。但自2000年以来，下降速度大大减小，到2016年约为0.015 quads/10亿美元。

---

① 在最近的一项研究中，Müller、Stock和Watson（2019）汇集了来自1900—2017年的118年间的113个国家的数据，以模拟长期GDP增长的行为。他们发现，跨国家进行数据汇总可以得到更紧凑的预测区间，但即使拥有100多年的数据，"100年的增长路径仍然存在非常大的不确定性"。

为什么？部分原因是制造业一直在增长，中国消费者对汽车、家电和旅行的需求不断增加，而这些都需要更多能源。

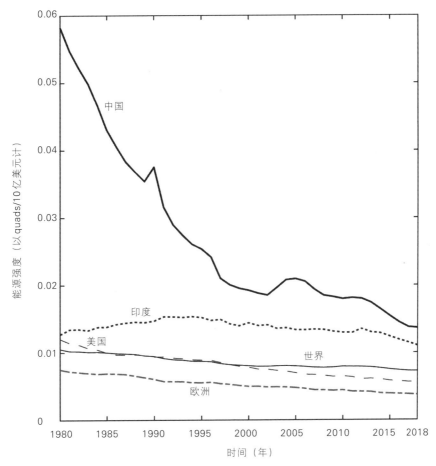

图 3-2　世界、美国、欧洲、印度和中国的能源强度

资料来源：World Bank，U.S. Energy Information Agency。

中国的能源强度大幅降低的同时，美国和欧洲的能源强度也有所下降。但从世界经验来观察，从 0.0110 ~ 0.0075 quads/10 亿美元能源强度水平再进一步下降的空间相当有限。部分原因是其他大型发展中国家的能源强度几乎没有下降。如图 3-2 所示，印度的能源强度几乎没有下降。因此，现在的问题是我们应该预期全球范围内的能源强度是进一步大幅下降，还是趋于接近当前值的水平。如果能源强度没有显著下降，要实现碳强度的下降将会很困难。

4.能源效率

即使能源强度保持不变，如果我们能够在能源效率方面取得显著改进，那么碳强度也将降低。换句话说，我们能否减少每消耗1单位能源所产生的二氧化碳量？为了回答这个问题，我们可以首先看一下过去几十年能源效率的变化。图3-3显示了自1980年以来世界、美国、欧盟、印度和中国的能源效率演变情况（回顾一下，能源效率以每 quad BTUs 消耗的兆吨二氧化碳排放量来衡量）。

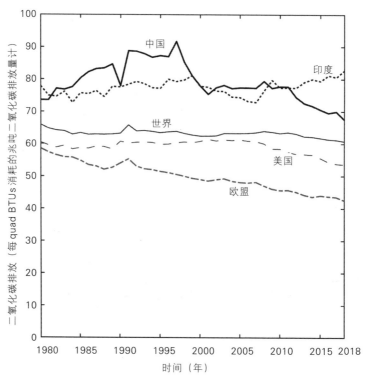

图3-3　世界、美国、欧盟、印度和中国的能源效率

资料来源：U.S. Energy Information Agency。

欧盟和美国的能源效率有所提高。在欧盟，能源效率从 1980 年的约 57 兆吨二氧化碳/quad BTUs 降至 2018 年的约 43 兆吨二氧化碳/quad BTUs。在美国，1980—2005 年几乎没有变化（这几年都约为 60 兆吨二氧化碳/quad BTUs），但在接下来的 10 年里下降到约 54 兆吨二氧化碳/quad BTUs。这些变化是由于在欧盟和美国，能源正变得更加"绿色"。可再生能源（尤其是风能和太阳能）的发电量一直在增长，同时来自化石燃料，尤其是煤炭的能源比例一直在下降。

但遗憾的是，2018 年中国和印度的能源效率接近 1980 年的水平，中国的能源效率约为 70 兆吨二氧化碳/quad BTUs，印度约为 82 兆吨二氧化碳/quad BTUs，远高于美国和欧盟的水平。其他大型发展中国家的能源效率也呈现类似的趋势。为什么？因为这些国家的能源生产方式几乎没有变化。诚然，更多风能和太阳能等可再生能源开始投入使用，但数量仍然很少，并且增长速度缓慢。最终结果是，全球范围内的能源效率基本保持稳定（约为 60 兆吨二氧化碳/quad BTUs）。

因此，与能源强度一样，现在的问题是我们是应该预测全球范围内的能源效率显著提高，还是应该预测其保持接近当前水平。如果能源效率不改善，要实现碳强度的下降将会很困难。而且，除非经济增长停止，否则二氧化碳的排放量将继续增加。

能源效率以每 quad BTUs 消耗的兆吨二氧化碳排放量来衡量，因此能源效率的降低意味着改善，即能源使用产生的二氧化碳减少。

5.碳强度

图 3-4 显示了能源强度和能源效率的乘积，即碳强度，以每 10 亿美元的 GDP 排放的兆吨二氧化碳为单位。该图形与能源强度的图 3-2 类似，这是因为除了欧盟和美国（在较小程度上）外，能源效率几乎没有改善。因此，对于欧盟和美国来说，碳强度逐渐下降，对于中国来说，碳强度下降得很快，与中国能源强度的下降相呼应。那么对于整个世界呢？碳强度从 1980 年的每 10 亿美元释放 69 万吨二氧化碳逐渐下降到 2000 年的每 10 亿美元释放 50 万吨二氧化碳，但 2000 年以后几乎没有进一步下降；2018 年时略低于每 10 亿美元释放 50 万吨二氧化碳。

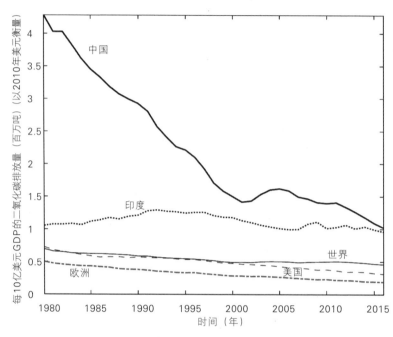

图3-4　世界、美国、欧盟、印度和中国的碳强度

　　从1980年的0.69兆吨二氧化碳/10亿美元下降到2018年的0.50兆吨二氧化碳/10亿美元，这意味着全球碳强度下降了约30%，因此如果全球GDP在此期间保持不变，二氧化碳排放量也将下降约30%。但（幸运的是），全球GDP大幅增长。以2010年不变价美元计算，它增长了两倍，从1980年的约28万亿美元增至2018年的约84万亿美元。这就是全球二氧化碳排放量增加如此之多的原因。为了进一步说明这个问题，我们可以通过将全球GDP和全球碳强度相乘来计算二氧化碳排放量。在1980年，世界碳强度约为0.69兆吨二氧化碳/10亿美元，即0.69兆吨二氧化碳/万亿美元。全球GDP约为28万亿美元，这意味着二氧化碳排放量为（0.69×28=）19.32亿吨，非常接近实际值。而对于2018年，世界碳强度为0.50兆吨二氧化碳/10亿美元，即0.50兆吨二氧化碳/万亿美元，全球GDP约为84万亿美元，这意味着二氧化碳排放量为（0.50×84=）42亿吨，略高于实际值。

总而言之，全球碳强度的适度下降与全球 GDP 的大幅增长相结合，导致全球二氧化碳排放量近乎翻倍。

6.未来的碳排放

未来二氧化碳排放将如何发展？从某种程度上讲，情况看起来相当严峻。就全球范围而言，碳强度的下降非常缓慢，1980—2018 年每年仅下降约 1%。然而，全球 GDP 的增长速度要快得多，平均每年约增长 3%。因此，在未来二氧化碳排放减少只有两种方式：（1）全球 GDP 的下降；（2）全球碳强度的下降。全球 GDP 的下降，甚至是 GDP 增长速度的减缓，是令人沮丧的想法。我们当然不希望通过引发全球经济衰退（或萧条）来减少二氧化碳排放。所以，我们只能选择第二种选项——碳强度的下降。

碳强度的下降可以来自能源强度的下降或者能源效率的下降（即改善）。我们有任何理由期待这两者的发生吗？答案是"是也不是"。

是，因为政府可以通过制定政策影响能源强度和能源效率。事实上，这就是大部分气候政策的关注点。想象一下，如果全球采用碳税，将提高煤炭的价格。由于我们使用的大部分能源都来自化石燃料（即煤炭），这样的税收将减少我们对能源的使用。换句话说，税收将导致能源强度下降。除了碳税之外，还有其他政策选项，例如汽车燃油效率标准、要求更多绝缘材料的建筑规范以及其他直接降低能源强度的措施。实际上，我们在生产、利用商品和服务方式的技术改进已经使得所消耗的能源减少；与 30 年前相比，汽车、卡车和公交车的燃油效率提高了很多，家庭和商业的供暖和冷却系统也更加节能。

碳税还将刺激人们采用更低碳的能源，从而提高能源效率。例如，与燃烧天然气获得的能量相比，燃烧煤炭会产生约 1 倍的二氧化碳排放量，因此税收将加速煤炭向天然气的转型（这种摆脱煤炭的转型也可以通过对新发电厂建设的直接规定来实现）。同样，从风能获得的能量不产生碳排放，因此在实施碳税后，风能变得更加有吸引力。

但是我说了"是也不是"。为什么说"也不是"？因为我们必须考虑这些政策的成本、政治可行性以及一些国家的"搭便车"问题。首先看政策成本，碳税、燃油效率标准和其他政策措施在减少消费（私人和公共）和消费增长方面会产生什么样的成本？我们不确定。目前对二氧化碳减排成本的估计差异很大，并且我们无法预测可能降低这些成本的技术变革，因此未来的减排成本更加不确定。

即使强力减排政策的成本较低（可能只减少个人消费的几个百分点），它们在政治上是否可行呢？换句话说，如果我们使用碳税来减少排放量，我们能合理地期望税收有多高？或者如果使用碳排放权交易系统来减少排放，从而要求发放二氧化碳排放许可证，我们能期望许可证价格有多高？这些问题的答案在各个国家之间将有很大的差异。截至撰写本书时，在欧盟，采取强有力的减排政策似乎非常可能，但在美国，不太可能，而在印度、印度尼西亚等国家更不太可能。与此密切相关的是"搭便车"问题，这减少了许多国家采取强有力减排政策的政治积极性。

我将在本书的后面章节中更详细地讨论这些政策问题。此时，让我们总结一下未来二氧化碳排放的情况：如果我们可以预测全球各地的GDP增长，以及能源强度和能源效率的变化，从而估算碳强度的变化，我们可以对未来二氧化碳排放至少有一个大致的预期。我们还需要在"正常情景"的情况下进行这个大致预测，并针对一个或多个二氧化碳减排政策进行预测。

3.3.2　是什么影响了二氧化碳的浓度？

尽管这些预测可能会受到一定程度的不确定性的影响，但预测未来二氧化碳排放，特别是在不同的气候政策下的情况，是一项重要的任务。但请记住，二氧化碳排放并不直接导致温度上升。升温是由大气中二氧化碳浓度的增加引起的。当然，二氧化碳浓度的增加是由二氧化碳排放量增加引起的，因此，如果我们想对浓度的增加进行预测，我们需要确定任何特定影响未来二氧化碳浓度的路径。

当前大气中的二氧化碳浓度是否仅仅是过去排放量的总和减去消散的部分？大致上是这样，但并非完全如此。问题在于一些大气中的二氧化碳被海洋吸收，一些海洋中的二氧化碳又可以重新进入大气中。有多少进出？这取决于多种因素，包括大气中和海洋中的二氧化碳含量以及海洋温度。[1]因此，即使我们对未来几十年的二氧化碳排放量有精确的预测，我们对大气中二氧化碳浓度的预测也会有一定的不确定性。然而，与我们面临的其他不确定性相比（见后文），这个问题并不算太严重。根据给定的预测二氧化碳排放路径，我们可以合理地预测大气中的二氧化碳浓度。

在最基本的水平上，如果忽略二氧化碳进入和离开海洋的过程，将过去的二氧化碳排放量总和减去消散量将得出大气二氧化碳浓度的合理估计。我们在第2章中就是这样做的，当我们计算二氧化碳浓度停止增长并在2100年之前线性下降到0的情景的温度影响时，如图2-1所示，我们首先需要计算产生大气二氧化碳浓度路径的结果。为此，我们从1960年的实际浓度开始，并在每个后续年份中加上来自该年排放的浓度增加值并减去消散量（以每年0.35%的速率）[2]。

例如，1961年的排放量为90亿吨，这增加了$(9 \times 0.128 =)1.15 \times 10^{-4}\%$的二氧化碳到已经存在的$3.15 \times 10^{-4}\%$二氧化碳中。1961年的消散量为（$0.0035 \times 315 =$）$1.10 \times 10^{-4}\%$，因此净增加量为（$1.15 \times 10^{-4}\% - 1.10 \times 10^{-4}\% =$）$0.05 \times 10^{-4}\%$，使得1961年的浓度为（$3.15 + 0.0005 =$）$3.1505 \times 10^{-4}\%$。通过这种方式，我们计算出了大气二氧化碳浓度的结果，如图2-3所示。这个计算远非完美，但它提供了一个合理的方法来说明二氧化碳排放如何导致二氧化碳浓度的变化。

在第2章中，我们进一步估计了这种二氧化碳浓度对温度的影响。该估算需要一个气候敏感度值，它将二氧化碳浓度的变化与温度变化联系起来。正是在这一点上，不确定性变得更大，我们将在后文中解释。

---

[1]　为了解决这个问题并提供更准确的大气二氧化碳浓度路径和全球平均温度路径的估计，已开发了多种大规模的"广义环流模型"（GCMs）。与此相关的模型是麻省理工学院全球变化科学与政策联合项目开发的麻省理工学院地球系统模型。

[2]　忽略二氧化碳在海洋中进出的变化，我们可以将二氧化碳排放量与二氧化碳浓度之间的关系表示为：$M_t = (1 - \delta) \times M_{t-1} + E_t$。其中，$E_t$表示第$t$年的二氧化碳排放量，$M_t$表示浓度，$\delta$表示溶解率。

3.4　我们所不知道的事

现在我们来到了较难理解的议题。我们预期能够预测全球（或区域）平均温度变化，以及其他气候变化指标，如降雨量、飓风频率和强度以及海平面变化量等，这些都可能是二氧化碳浓度变化的结果。我们可以作出这样的预测，城市发展将受到极端不确定性的影响。而根据这些对气候变化的预测，我们想知道它们可能的影响，即气候变化将造成何种程度的GDP和消费的损失、发病率和死亡率的升高以及其他衡量标准下的损害。我们正处在一个未知的领域。

难道我们不能采用一个值来表示气候敏感度，以此预估任何特定的二氧化碳浓度增加可能导致的温度变化吗？在第2章中，我们（对于"乐观"的二氧化碳排放情景）就这样做了：使用了一个中等范围的值（3.0）来表示气候敏感度。然而我们并不知道气候敏感度的真正价值。根据最近（2021年）的报告，"最可能"的范围是2.5～4.0。如果我们将IPCC认为"不太可能"但仍有可能的值包含在内，这一范围将变为1.0～6.0。为什么我们不能缩小气候敏感度的可能值的范围呢？我们对气候科学的理解是否有可能在未来10年有所改善，从而减少不确定性？我在后文中回答了这些问题。

即使我们知道未来几十年气温会上升多少（或海平面会上升多少等），但重要的是这些变化可能产生的影响。如果气温升高和海平面上升造成的损害很小，我们为什么要在今天把资源投入到预防措施上呢？另一方面，如果可能的损害是极大的，那么我们当然应该迅速采取行动减少排放，防止气候变化。因此，确定气候变暖、海平面上升和其他气候指标变化在GDP和消费方面可能的经济影响是很重要的。并且，"经济影响"包括间接影响，如气候变化对社会、政治和健康的影响。我们可以尝试将这些间接影响货币化，并将其纳入更广泛的GDP损失衡量标准中。不幸的是，我们对气候变化的影响一无所知，只能推测。

为什么精准确定气候敏感度，或者至少缩小其估计范围是如此困难？为什么我们无法预测气候变化对经济的可能影响？现在我们来讨论这些问题。

3.4.1 气候敏感性

回想一下，气候敏感度的定义是大气中的二氧化碳浓度加倍的情况下温度的升高值。但在二氧化碳浓度翻倍后，世界气候系统可能会达到新的平衡。然而，气候系统要完全达到一个新的平衡需要很长时间，大约为300 年或更长时间。或者说，气候系统将在几十年内逐步接近平衡。到底是多少年在一定程度上取决于二氧化碳浓度增加的幅度——增加幅度越大，时滞性就越长——即使是给定的增加，滞后时间也存在不确定性。但在大多数情况下，10~40 年是合理的范围，20 年或 30 年是常用的数字。[①]

我说过，气候敏感度的真实值存在相当大的不确定性，从而出现了 3 个问题：首先，气候敏感度的估算中到底有多少不确定性？我们能在多大程度上缩小可能值的范围？其次，在过去的几十年里，有着大量的气候科学方面的研究。这方面的研究是否能让我们更好地理解气候敏感度的潜在机制，从而获得更精确的估计？换句话说，气候敏感度的不确定性是否减少了？如果减少了，又减少了多少呢？最后，气候敏感度的估算中为什么会有这么多的不确定性？是什么让我们无法对气候敏感度进行精确估计？

下面，让我们依次回答这些问题。

（1）到底有多少不确定性？

在过去的 20 年里，气候科学家对气候敏感度的大小进行了大量的研究。实际上，所有这些研究的结论都是提供一个估计范围，通常以概率分布的形式。从概率分布中，我们可以确定气候敏感度的真实值高于或低于任何特定值或在任何区间内的概率，如在 4.0 摄氏度以上，或在 2.0~3.0 摄氏度之间。因此，根据这类研究，每项研究都为我们提供了对不确定性的性质和程度的估计。这类研究的一个例子是奥尔森（Olson）等（2012）

---

① 气候科学家经常区分"平衡气候敏感度"和"瞬态气候响应"，前者是我在前文描述的气候敏感度，后者是全球平均温度对二氧化碳浓度逐渐增加（每年 1%）的反应。详见美国国家科学院（National Academy of Sciences）（2017）发表的《估算气候损害：二氧化碳社会成本估算的更新》（*Valuing Climate Damages: Updating Estimation of the Social Cost of Carbon Dioxide*），第 88~95 页。我将只使用"气候敏感度"这一术语，并将滞后性（10~40 年）视为气候系统接近平衡所需的时间。

发表的《基于仪器观测和地球系统模式贝叶斯融合的气候敏感性估算》（*A Climate Sensitivity Estimate Using Bayesian Fusion of Instrumental Observations and an Earth System Model*）。该研究得出的概率分布如图3-5所示。[①]

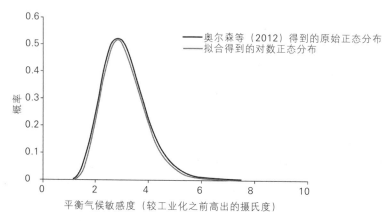

图3-5 奥尔森等（2012）的气候敏感度概率分布（原始和对数正态拟合）

资料来源：此图来自吉林厄姆（Gillingham）等（2018）的网络附录，并已获得使用许可。

根据这一概率分布，气候敏感度的平均值为3.1摄氏度。为了确定气候敏感度的真实值在某一特定范围内的概率，我们只需要在图3-5的曲线下找到相应的面积。例如，在1.8和4.9之间的曲线下面积为0.95，这意味着气候敏感度的真实值在1.8～4.9摄氏度之间的概率为95%（该研究的作者称其为"置信区间"）。人们也可以从这一概率分布中得出结论，即真实值很可能（即概率高于75%）在2.0～4.0之间。

为什么奥尔森（Olson）等（2012）的研究没有给我们一个气候敏感度的精确数字，而是给出了图3-5所示的分布？因为这项研究的作者使用了一个气候系统模型，并且认识到该模型的一些参数是不确定的。他们将概率分布附加到这些参数上，从而获得了这一模型所预测的气候敏感度的概率分布。

---

① 图中既有奥尔森（Olson）等（2012）得到的原始分布，也有就原始分布拟合的对数正态分布（两者几乎是重叠的）。

　　但现在我们必须小心。图 3-5 可能会误导关于气候敏感度的结论，尤其会导致我们低估不确定性的程度。问题在于奥尔森等（2012）的文章只是其中一项研究，还有很多其他的研究。那些不同的研究，利用了不同的气候模型，得出了不同的概率分布。换句话说，这些研究在不确定性的程度及其特征（如平均值）上存在相当大的分歧。这表明，实际的不确定性远远大于任何一项研究所显示的不确定性。

　　不同研究的离散度如图 3-6 所示。该图显示了奥尔森等（2012）和其他 4 项研究的概率分布。[①]可观察到这 5 项研究的分布差异很大。其中，奥尔德林（Aldrin）等（2012）的研究所显示的气候敏感度的范围相对较窄、较低，并暗示其真实值在 0.8 ~ 3.0 摄氏度之间的可能性为 95%。海格尔（Hegerl）等（2006）的另一项研究则显示了相对较宽的气候敏感度范围，从 1.0 摄氏度到约 6.0 摄氏度。

　　为什么图 3-6 中的 5 项研究得出了如此不同的概率分布？这主要是因为他们使用了不同的气候系统模型，从而具有不同的参数及其概率分布。气候科学家对气候系统的单一"正确"模型意见不一吗？是的，没错。气候系统极其复杂，人们以各种不同的方式对其进行了建模。[②]当前，对于什么是"正确"的模型并没有明确的共识。[③]

　　图 3-6 只包含了 5 项研究的分布情况。要更进一步地探讨分布问题，我使用了库努提、鲁根斯坦和海格尔（Knutti，Rugenstein 和 Hegerl）

---

　　①　其他研究包括奥尔德林（Aldrin）等（2012）的《气候敏感度的贝叶斯估计——基于一个拟合半球温度观测和全球海洋热含量的简单气候模式》（*Bayesian Estimation of Climate Sensitivity Based on a Simple Climate Model Fitted to Observations of Hemispheric Temperatures and Global Ocean Heat Content*），利巴尔多尼和福雷斯特（Libardoni 和 Forest）（2013）的《对"气候系统特性分布对地表温度数据集的敏感性"的修正》（*Correction to "Sensitivity of Distributions of Climate System Properties to the Surface Temperature Data Set"*），安南和哈格里夫斯（Annan 和 Hargreaves）（2006）的《利用多个基于观测的约束估计气候敏感度》（*Using Multiple Observationally-Based Constraints to Estimate Climate Sensitivity*），海格尔（Hegerl）等（2006）的《过去 7 个世纪温度重建约束下的气候敏感度》（*Climate Sensitivity Constrained by Temperature Reconstructions over the Past Seven Centuries*）。该图显示了就 5 项研究中的原始分布拟合的对数正态分布。以上数据摘自吉林厄姆（Gillingham）等（2018）的网络附录，并经许可使用。
　　②　气候科学家普遍同意基本的物理定律，但他们以不同的方式模拟（即近似）这些定律，以使他们的模型在计算上可行。
　　③　我们应该如何看待给出如此不同的气候敏感度概率分布的不同模型呢？我们是应该简单地取所有模型的平均值，还是应该给予某些模型的预测更大的权重？如果是这样，应该使用怎样的权重呢？曼斯基（Manski）等（2021）解决了气候模型中"深度"结构不确定性的问题，并制定了从模型集合进行预测的决策规则。

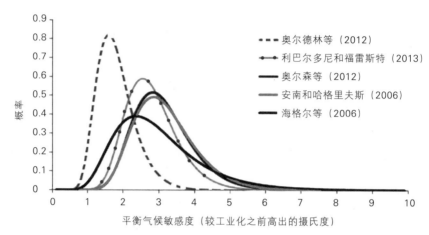

图3-6 由IPCC（2014）中引用的概率密度函数拟合的对数正态分布

资料来源：此图来自吉林厄姆（Gillingham）等（2018）的网络附录，并已获得使用许可。

（2017）的研究中收集的大约130项平衡气候敏感度研究的信息。这些研究大多提供了对气候敏感度的"最佳"（最有可能）估计，以及一系列"可能"（即概率大于66%）的值。虽然库努提、鲁根斯坦和海格尔（Knutti，Rugenstein 和 Hegerl）（2017）调查了一些早期的研究，但我只囊括了1970—2017年的那些。我还找到并添加了2017年和2018年发表的9项额外研究。①

---

① Knutti，Rugenstein 和 Hegerl（2017）所调查的所有研究都在他们的论文中列出了。我所添加的9项额外研究是Brown和Caldeira（2017）的《从地球最近的能源支推断未来更大的全球变暖》（*Greater Future Global Warming Inferred from Earth's Recent Energy Budget*），Krissansen-Totton 和 Catling（2017）的《利用逆地质碳循环模型约束气候敏感度以及大陆与海底风化》（*Constraining Climate Sensitivity and Continental versus Seafloor Weathering Using an Inverse Geological Carbon Cycle Model*），Andrews 等（2018）的《考虑温度模式的变化增加了对气候敏感度的历史估计》（*Accounting for Changing Temperature Patterns Increases Historical Estimates of Climate Sensitivity*），Cox，Huntingford 和 Williamson（2018）的《全球温度变化对平衡气候敏感度的紧急约束》（*Emergent Constraint on Equilibrium Climate Sensitivity from Global Temperature Variability*），Dessler 和 Forster（2018）的《从年际变化估计平衡气候敏感度》（*An Estimate of Equilibrium Climate Sensitivity from Interannual Variability*），Lewis和Curry（2018）的《最近强迫和海洋热吸收数据对气候敏感度估计的影响》（*The Impact of Recent Forcing and Ocean Heat Uptake Data on Estimates of Climate Sensitivity*），Lohmann 和 Neubauer（2018）的《全球气溶胶-气候模式 ECHAM6-HAM2 中混合相云和冰云对气候敏感度的重要性》（*The Importance of Mixed-Phase and Ice Clouds for Climate Sensitivity in the Global Aerosol-Climate Model ECHAM6-HAM2*），Keery，Holden 和 Edwards（2018）的《始新世气候对二氧化碳和轨道变化的敏感度》（*Sensitivity of the Eocene Climate to CO₂ and Orbital Variability*），Skeie 等（2018）的《气候敏感度估计——对辐射强迫时间序列和观测数据的敏感度》（*Climate Sensitivity Estimates — Sensitivity to Radiative Forcing Time Series and Observational Data*）。

对于每项研究，我都使用了可能值范围的最小值（我称之为"最小估计"）和最大值（"最大估计"），以及"最佳"（"最有可能"）估计。为了了解人们对气候敏感度的看法是如何随着时间的推移而变化的，我根据发表年份将这些研究分为 2 组：发表在 2010 年以前的研究和发表在 2010 年以后的研究。图 3-7 显示了这些研究的"最佳估计"的直方图。

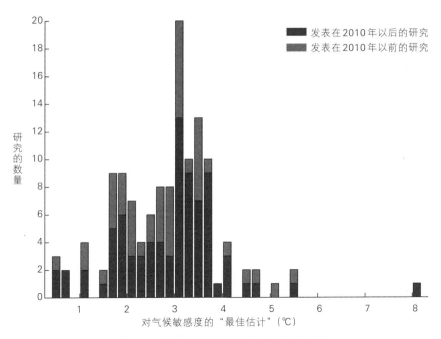

图 3-7　气候敏感度"最佳估计"直方图

资料来源：来自 131 项研究，其中 47 项发表于 2010 年之前，84 项发表于 2010 年以后。这些研究来自库努提、鲁根斯坦和海格尔（Knutti, Rugenstein 和 Hegerl）（2017）的文章，并辅以 2017 年和 2018 年发表的另外 9 项研究，列在 63 页的脚注中。

从图中可以注意到，大部分研究（131 项研究中的 115 项）的"最佳估计"在 1.5～4.5 摄氏度之间。根据 IPCC，至少直到最近，这一直是"最可能"的范围。但这仍然是一个很大的范围，且有 16 项研究的"最佳估计"超出了这个范围（低至 0.5 摄氏度，高至 8 摄氏度）。我们还可以通过比较2010年前和2010年后发表的研究来了解人们对气候敏感度的观点是如何变化的。最近的研究的均值和标准差都更高：2010年之前的研究分别为2.77和1.03，之后的研究分别为2.87和1.11。

图3-8显示了这些研究报告的可能值范围低端的直方图（"最小估计"），图3-9显示了范围高端的直方图（"最大估计"）。大部分"最小估计"在0.5～4.0摄氏度的范围内，只有3个估计高于这个范围。大部分"最大估计"在3.0～7.0摄氏度的范围内，但有13个估计高于这个范围，且有7个估计在10.0～15.0摄氏度之间。

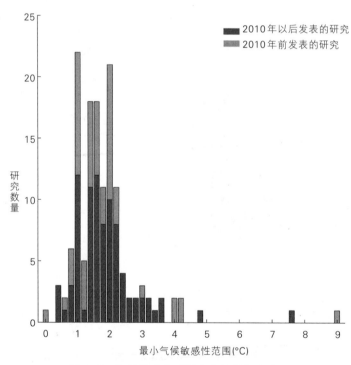

图3-8　气候敏感度"最小估计值"直方图

资料来源：来自143项研究，其中54项发表于2010年之前，89项发表于2010年以后。这些研究来自库努提、鲁根斯坦和海格尔（Knutti, Rugenstein and Hegerl）（2017）的文章，并辅以2017年和2018年发表的另外9项研究。

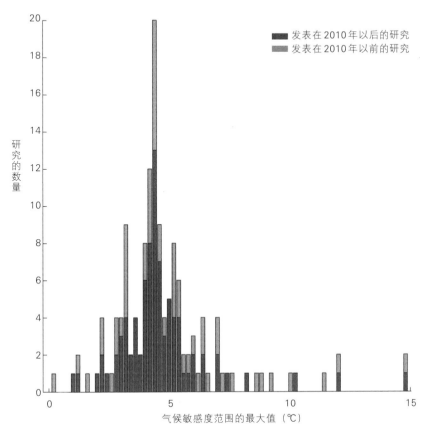

图 3-9　气候敏感度"最大估计值"直方图

资料来源：库努提、鲁根斯坦和海格尔（Knutti, Rugenstein and Hegerl）（2017）的文章中的 143 项研究，并辅以 2017 年和 2018 年发表的另外 9 项研究。

　　图 3-8 和图 3-9 告诉我们，气候敏感度有很大的不确定性，远远超过图 3-6 中 5 个分布所显示的不确定性。如果我们忽略异常值，简单地考虑"最小"和"最大"估计的大部分，我们会得到 0.5～7.0 摄氏度这一范围。请记住，这是"可能"（即概率大于 66%）值的范围，排除了不太可能但仍有小概率存在的更极端的值。

　　气候科学家进行了大量的研究，试图估计气候敏感度。个别研究显示"可能"值的范围很大。而一旦我们考虑到不同研究之间的离散度，这个范围就会变得更大。总而言之：当前我们根本不知道气候敏感度的真实值。这是不幸的，因为气候敏感度是决定未来几十年气温变化的关键因素。

（1）不确定性降低了吗？

气候科学家发表了数百篇与气候敏感度直接或间接相关的论文。毫无疑问，在过去的几十年里，我们对气候敏感度背后的物理机制的理解有了很大提高。这是否意味着我们现在能够更好地确定气候敏感度的大小，或者说，我们对其真实值的不确定性已经减少了呢？

在IPCC最新（2021年）报告发布之前，答案可能是否定的。从图3-7所示的一组研究中较早（2010年前）和较晚（2010年以后）的"最佳估计"可以明显看出这一点。而在最近的研究中，标准差更高（1.13∶1.03）。

弗里曼、瓦格纳和扎克豪斯（Freeman，Wagner 和 Zeckhauser，2015）提出了不确定性的增加。他们将2007年IPCC报告中的气候敏感度调查研究与2014年报告中的更新调查进行了比较。在2007年的报告中，IPCC调查了22项经同行评审的已发表的气候敏感度研究，并估计"最可能"的范围在2.0～4.5摄氏度。[1]在2014年的报告中，"最有可能"的范围则扩大到了1.5～4.5摄氏度。这似乎是个好消息，因为范围的底端值变得更低（1.5摄氏度而不是2.0摄氏度）。但这同样是个坏消息，因为估计的不确定性变得更大了。

然而，现在有证据表明，这种不确定性已经减少，且减少的幅度很大。其中一个证据是舍伍德（Sherwood，2020）最近的一项研究。使用一个新的（根据作者的说法）改进的气候模型，结合历史气候记录以及从冰芯中获得的古气候数据，作者认为最有可能的范围是2.6～4.1摄氏度。这比广泛使用的1.5～4.5摄氏度这一范围窄得多，也意味着更高的平均值（3.3摄氏度而不是3.0摄氏度）和高于4摄氏度的值的更高概率（这些结

---

[1] 联合国政府间气候变化专门委员会（IPCC）2007年的报告也提供了对气候变化的物理机制的详细、可读的概述，以及我们对这些机制的认知情况。每一项单独的研究都包含了气候敏感性的概率分布，IPCC将这些分布以标准化的形式呈现出来，并创建了一个图表，总结了所有的分布。

果能否被广泛接受还有待观察）。

第二个证据更有说服力，是 IPCC 于 2021 年底发布的最新报告，也被称为第六次评估报告（AR6）。根据对最新数据的评估，以及对各种新的、改进的模型和研究的评估，IPCC 得出结论：气候敏感度的"最可能"范围已经大大缩小。在 2014 年（第五次评估报告）中，"最可能"的范围是 1.5～4.5 摄氏度。在 2021 年更新的报告中，范围则为 2.5～4.0 摄氏度。IPCC 也给出了 3.0 摄氏度的"最佳估计"，这是先前范围的中点。

对气候敏感度值的不确定性的减少是一个非常好的消息。它反映了这样一个事实：气候科学家的工作帮助我们更好地认识了大气中二氧化碳浓度增加影响温度的物理机制。现在我们有理由期望，正在进行的工作将使我们更好地理解气候系统，并更准确地估计气候敏感度。

尽管取得了这些进展，却依旧存在很大的不确定性。我们需明白，对气候系统更好的认知本身并不意味着对气候敏感度值的不确定性的减少，相反，它只是令我们明晰不确定性存在的原因。例如，在过去的 50 年里，整个地质学领域都取得了巨大进展。尽管我们对地震和火山爆发的物理机制的认知有了很大改善，却并不意味着我们可以对未来的地震和火山爆发作出更准确的预测。更好地理解地震发生的方式和原因，并不一定就能更准确地预测下一次地震的发生时间。同样，经济学领域也取得了巨大进展。与 50 年前相比，我们现在对单个市场和整体经济的运作有了更好的理解，这并不意味着我们能更准确地预测下一次衰退或金融危机的时间和严重程度，但这使我们得以更好地认识到下一次经济衰退或金融危机无法预测的原因。

科学研究的目的并不总是未来能够作出更好的预测，而是更好地理解正在发生的事情。气候科学的研究让我们更好地认识到二氧化碳排放到大气中会发生什么。在某种程度上，这有助于我们更好地预测二氧化碳对温度的影响，同时也有助于我们理解为什么一开始就存在这么多的不确定性。

（3）为什么气候敏感度存在不确定性？

其根本问题是，决定气候敏感度的物理机制很复杂，且尚未被完全认识。但最重要的是，气候敏感度的大小是由关键的反馈回路决定的，而我们对决定这些反馈回路的强度（甚至符号）的参数值只有粗略估计。这不是气候科学的缺点，相反，气候科学家在理解与气候变化有关的物理机制方面取得了巨大进展。但其中的部分内容使我们更清楚地认识到，我们确定关键反馈回路的强度的能力是有限的（至少目前是如此）。

在罗伊和贝克（Roe 和 Baker，2007）开发的一个简单（但被广泛引用的）气候模型的背景下，这个问题最容易被理解。这一模型的原理如下：设 S_0 表示没有任何反馈效应时的气候敏感度。换句话说，在没有反馈效应的情况下，大气 CO_2 浓度增加 1 倍会导致辐射强迫增加，而辐射强迫增加又会导致初始温度升高 $\Delta T_0 = S_0$ 摄氏度。正如罗伊和贝克解释的那样，最初的温度升高 ΔT_0 "引起了潜在过程的变化……这就改变了有效作用力，而有效作用力又改变了 ΔT"。从而，实际的气候敏感度 S，由此给出

$$S = \frac{S_0}{1 - f} \tag{3-2}$$

其中 f（0~1 之间的数字）是总反馈因子。[①]例如，如果 $f = 0.95$，那么 S 就等于 $\frac{S_0}{1-0.95} = 20S_0$。

必须强调的是，这是一个极为简化的气候系统模型。一个更完整、复杂的模型将包括几种反馈效应；在这里，它们都被合而为一了。尽管如此，这个简单的模型使我们得以解决关键问题：气候敏感度对 f 的值非常敏感，但我们不知道 f 的值。罗伊和贝克指出，如果我们知道 f 的均值和标准差，分别用 $\bar{f}$ 和 σ_f 表示，如果 $\bar{f}$ 很小，那么 S 的标准差将与 $\dfrac{\sigma_f}{\left(1 - \bar{f}\right)^2}$ 成正比。这说明，S 的不确定性被 f 的不确定性放大了，如果 f 接近 1，不确定性会变得很大。

例如，假设我们对 f 的最佳估计值为 0.95，但我们认为它可能会偏离 0.03 个因子，即 f 可能低至 0.92 或高至 0.98。在这种情况下，S 可以低至

---

① 在罗伊和贝克（Roe 和 Baker，2007）的表示法中，λ_0 为不考虑反馈效应的气候敏感度，λ 为考虑反馈效应的气候敏感度。

$\left(\dfrac{1}{0.08}\right)S_0 = 12.5S_0$，或高至 $\left(\dfrac{1}{0.02}\right)S_0 = 50S_0$。但是 $50S_0$ 是 $12.5S_0$ 的 4 倍，所以这个看起来很小的 f 的不确定性对气候敏感度造成了巨大的不确定性。

为了进一步说明这个问题，罗伊和贝克假设 f 是正态分布（均值为 $\bar{f}$，标准差为 σ_f），并推导出气候敏感度 S 的分布。通过选择 f 的均值和标准差，他们得到了气候敏感性 S 的分布，并发现由此得出的中位数和第 95 百分位数与 IPCC 总结的标准化分布的平均值所对应的数字相接近。[①]

这种罗伊–贝克分布已经广为人知，并已在若干研究中使用，以获得碳社会成本的估计，并分析这些估计如何受到气候敏感度不确定性的影响。但它很可能低估了我们对气候敏感度的不确定性，因为我们不知道反馈因子 f 是否真的是正态分布（即使是正态分布，我们也不知道它的真实均值和标准差）。罗伊和贝克只是简单地假设了一个正态分布，以说明关键反馈因素的不确定性的含义。事实上，在《科学》（*Science*）杂志的 1 篇附带文章中，Allen 和 Frame（2007）认为，气候敏感度属于"不可知"的范畴，未来几十年仍将存在相当大的不确定性。

3.4.2 气候变化的影响

在评估气候敏感性时，我们至少可以依靠大量的科学研究结果，并利用这些结果来有条理地讨论它们所意味着的概率分布。然而，当涉及预测气候变化影响时，我们所拥有的知识远远不够，而且不确定性更大。事实上，我们对气温升高和海平面上升对经济和社会的影响几乎一无所知。

为什么估计气候变化对经济的影响如此困难？

---

① 加入位移参数 θ，气候敏感性的罗伊–贝克分布为：$g(S; \bar{f}, \sigma_f, \theta) = \dfrac{1}{\sigma_f\sqrt{2\pi\, z^2}}\exp\left[-\dfrac{1}{2}\left(\dfrac{1-\bar{f}-1/z}{\sigma_f}\right)^2\right]$，其中 $z = S + \theta$。拟合 IPCC 总结的分布，得到参数值为 $f = 0.797$，$\sigma_f = 0.0441$，$\theta = 2.13$。这种分布呈长尾状，即下降到 0 的速度比指数下降的速度慢。Weitzman（2009，2011，2014b）的研究表明，参数的不确定性会导致气候敏感度分布不均匀。这意味着发生灾难性结果的概率相对较高，进而表明减排的价值很高。而平狄克（2011a）的研究表明，长尾分布本身并不意味着高减排价值。

第一个问题是我们几乎没有可用于开展实证研究的数据。诚然，我们有不同地点和不同时间段的温度数据，并将温度变化与GDP和其他经济产出指标的变化联系起来。而一些研究也正是这样做的；我们已经看到了利用50年或更长时间跨度的大规模国家面板数据进行气象研究的实证研究。例如，戴尔、琼斯和欧肯（Dell，Jones和Olken，2012）证明了较高温度对GDP增长率而非GDP水平的影响更为显著，并且主要发生在贫困国家。[①]此外，还有许多研究探索温度和降雨变化如何影响农业产出。[②]

然而，所有这些研究都存在一个根本的问题：它们将天气的变化与GDP或农业产出的变化联系在一起，而天气与气候并非同一概念。任何地点的天气——温度、降雨量、湿度等——每周每月都会发生变化。但气候——描述1年中的任一星期或月份预期的平均温度和降雨量——变化非常缓慢（如果有的话）。一个意外的酷暑确实可能会减少当年的小麦或玉米产量，但气候逐渐变化的影响（平均预期温度升高）可能会非常不同（而且可能更低），因为农民会调整种植的作物和地点。最后，这些研究中使用的观测到的温度变化相对较小，不会达到许多人担心的4摄氏度或更高的升温。

第二个问题是，几乎没有经济理论能帮助我们理解高温的潜在影响。我们对高温可能如何影响农业有了一些认识，准确来说，大部分已进行的经验研究都集中在农业领域。但我们也知道，尽管世界某些地区（如赤道附近）的农业产出可能会减少，但其他地区（如加拿大北部和俄罗斯）的产出可能会增加，从而抵消一部分损失。此外，农业只是总经济产出的一小部分：在工业化国家，农业仅占国内生产总值的1%～2%，在发展中国家，农业也只占国内生产总值的3%～20%。除了农业，从直觉上也很难解释高温将如何影响经济活动。

第三个问题是，气候变化将会缓慢发生，这意味着受影响的人们和企

———————————

①　关于这一研究方向的概述，见戴尔、琼斯和欧肯（Dell，Jones和Olken，2014）。
②　这一领域最早的研究文献之一是Mendelsohn，Nordhaus和Shaw（1994），更近一些的研究可参阅Deschênes和Greenstone（2007）。概述见Auffhammer等.（2013）与Blanc和Schlenker（2017）。

业有相当大的适应潜力。以农业为例，我们已经看到 19 世纪美国农民大规模的适应行为，随着移民向西进发，他们不得不适应新的和非常不同的气候条件来种植作物。（农业适应性历史在第 7 章中有详细讨论）如果海平面大幅上升，洪水将成为气候变化引致的潜在危险，但在这方面，我们也已经看到了适应性的例子（荷兰的堤坝可能是最著名的例子）。这并不意味着适应性将消除气候变化的影响——这只是又一个使我们难以估计预期损失程度的复杂因素。

温度与经济之间的关系可能不仅是我们所不知道的，而且也是我们至少在与气候政策的设计和评估相关的时间范围内无法知道的东西。正如前面所讨论的那样，一些研究人员认为气候敏感性属于"无法知晓"的范畴。然而，基于刚刚讨论的原因，气候变化的影响甚至比气候敏感性更加"无法知晓"。

模型与损害函数

气候变化带来的影响是近几十年大量涌现的综合评估模型（IAMs）的关键元素。综合评估模型"整合"了温室气体排放及其对温度的影响（气候科学模型），以及气候变化如何影响产出、消费和其他经济变量的描述（经济模型）。虽然它们已广泛用于估算碳社会成本，但它们存在严重缺陷，我在其他地方已经详细讨论过（平狄克，2013a，2017b）。在本书中，我重点讨论这些模型的经济部分，即它们如何描述气候变化的影响。

大部分综合评估模型通过损害函数（damage function）或损失函数（loss function）$L(\Delta T)$ 将温度增加 ΔT 与 GDP 关联起来，其中 $L(0) = 1$，并且随着 ΔT 增大，$L(\Delta T)$ 会变小（即函数的导数 $dL(\Delta T)/d\Delta T < 0$）。这里的想法是，在 t 时段的 GDP 是 $GDP_t = L(\Delta T_t)GDP_t'$，其中 GDP_t' 是温度不增加时的 GDP，而 $1 - L(\Delta T_t)$ 是由于较高温度导致的 GDP_t' 的减少。例如，如果 ΔT 为 3 且 $L(3) = 0.95$，则意味着温度升高 3 摄氏度将使 GDP 减少（$1 - 0.95 = $）0.05，即 5%。

不同的 IAMs 模型具有不同的损失函数。广泛使用的诺德豪斯（Nordhaus，2008）动态一体化气候经济（dynamic integrated climate-economy，

DICE）模型具有以下的反二次型损失函数：

$$L(\Delta T) = \frac{1}{\left[1 + \pi_1 \Delta T + \pi_2 (\Delta T)^2 \right]} \tag{3-3}$$

另一方面，威兹曼（Weitzman，2009）提出了指数二次型损失函数：

$$L(T) = exp\left[-\beta (\Delta T)^2 \right] \tag{3-4}$$

该函数在温度增加 ΔT 较大时允许更大的损失。

这两个损失函数哪个更好，或者说更精确？我们无法确定。问题在于这两个损失函数都没有基于任何经济（或其他）理论。其他模型中出现的损失函数也是如此。[①]它们只是任意函数，被创造出来描述当温度上升时GDP下降的情况。

但这也并不意味着综合评估模型的开发者在构建模型时疏忽大意，无视经济理论。因为没有经济（或其他）理论能告诉我们损失函数 $L(\Delta T)$ 应该是怎样的形式。[②]

此外，假设某个经济理论告诉我们，在 DICE 模型中使用的反二次型损失函数（如上所示）确实是温度上升影响的可信描述，参数 π_1 和 π_2 的值仍然无法确定。我们既没有理论，也没有可用的数据来估计或粗略校准这些参数。因此，选择这些参数的值基本上需要依靠猜测。一种方法是选择数值，使得温度变化在 2～3 摄氏度范围内的 $L(\Delta T)$ 与温度小至中等增加时可能发生的损害相一致。大多数建模者选择参数，使得 $L(1)$ 接近 1（即没有损失），$L(2)$ 约为 0.99 或 0.98，$L(3)$ 约为 0.95～0.98。显然，我们

---

① 除了 DICE 模型之外，美国政府的跨机构工作组还进行了两个其他整体评估模型的模拟，以估计社会成本。另外两个整体评估模型分别是温室效应政策分析模型（Policy Analysis of the Greenhouse Effect，PAGE）和不确定性、分配和谈判的气候框架模型（Climate Framework for Uncertainty, Negotiation and Distribution, FUND），分别在 Hope（2006）和 Tol（2002a，2002b）中有详细描述。关于如何使用这些模型来估计碳社会成本的解释，请参阅 Greenstone、Kopits 和 Wolverton（2013）和 Interagency Working Group on Social Cost of Carbon（2013）。

② 我们预计高温对 GDP 的影响，如果有影响的话，应该是对增长速度而非水平的影响。为什么这样说呢？第一，一些气候变暖的影响将是永久性的，比如生态系统的破坏和极端天气造成的死亡。增长速度的影响使得气候变暖能够对经济产生永久性的影响。第二，为了抵消暖化的影响，用于研发和资本投资的资源将会减少，从而降低经济增长。第三，有一些实证研究支持这一结论。戴尔、琼斯和欧肯（Dell, Jones 和 Olken, 2012）在对 136 个国家 50 年的温度和降水数据进行研究后发现，高温减缓了 GDP 的增长速度，但没有对 GDP 水平产生影响。进一步的讨论和对增长速度和水平效应的政策影响分析，请参阅平狄克（2011b，2012）。需要注意的是，另一方面，气候变化引起的灾难会同时降低 GDP 的增长速度和水平。

可能在真正经历这样的温度上升之前都不会知道这个普遍看法是否正确。

　　总之，大多数模型中使用的损害函数都十分缺乏理论或实证基础。如果我们只关注 2 摄氏度的温度上升，那么这可能并不重要，因为在此升温幅度的大致共识（可能完全错误）是气候变化带来的损害将会很小或适中。问题在于，这些损害函数对于更大幅度升温，比如 4 摄氏度或更高，无法提供任何预期。①

　　我并不想给人们留下经济学家对气候变化影响一无所知的印象。相反，现在已经有大量关于气候变化影响的具体方面的研究，尤其是关于农业方面的研究。一些关于农业影响的研究包括德斯克内斯和格林斯通（Deschênes 和 Greenstone，2007）以及施伦克尔和罗伯茨（Schlenker 和 Roberts，2009）。德斯克内斯和格林斯通（Deschênes 和 Greenstone，2011）的研究关注气候变化对人口死亡率及我们的适应能力影响。最近一些使用或讨论详细天气数据的研究则包括费舍（Fisher 等，2012）和奥夫海默（Auffhammer 等，2013）。这些只是海量且持续增加的相关文献的少数几个例子。

　　这类统计研究无疑将增进我们对气候变化可能如何影响经济，或者至少是某些经济领域的了解。但是，这些研究使用的数据仅限于相对短时期的温度以及其他天气变量的小幅波动——例如，这些数据不能描述平均温度增加 4 摄氏度后的 20 年或 50 年间所发生的情况。鉴于这种局限，这些研究无法对综合评估模型中使用的那种损害函数进行具体规定和校准。实际上，那些损害函数与农业和其他具体影响相关的详细计量研究几乎没有多少关联。部分原因是数据十分有限，使得关于影响的估计结果存在巨大的差异。这可以从两项最近的调查中看出：托尔（Tol，2018）和诺德豪斯与墨菲特（Nordhaus 和 Moffat，2017）。这两项调查都显示出对影响的

①　一些研究者已经意识到了这个问题。Nordhaus（2008）表示："在 DICE 模型中，损害函数仍然是建模不确定性的主要来源。"想要了解不同模型给出的不同损害数字的范围，即使是针对 2 摄氏度或 3 摄氏度的温度增加，可以参考 Tol（2018）。Stern（2013）认为，综合评估模型的损害函数忽略了多种潜在的气候影响，包括可能产生灾难性后果的影响，而 Diaz 和 Moore（2017）则从参数不确定性角度批评了整合评估模型的损害函数。Burke 等（2015）探讨了气候影响的不确定性，但仅限于来自气候变化本身的不确定性。

估计存在巨大的区别。而且，即使如此，这些调查也仅适用于相对较小的温度变化所带来的影响，主要是小于3摄氏度。

3.4.3　一个灾难性的结果

未来几十年的气候变化及其影响可能会是温和的或是中等的。考虑到关于气候敏感性和气候影响的种种不确定性，即使减少温室气体排放的措施很少，这也可能成为事实。如果我们确信这将是事实的话，那就意味着碳社会成本是相当低的，我们可以放松并无须担心气候变化。

但我们不能确定结果会如此有利。相反，还可能存在一种可能的极为不利的，甚至可以称之为灾难性的结果。我所指的结果不仅仅是温度大幅增加，而是气候变化导致人类福祉下降的巨大经济影响。用于估计碳社会成本的综合评估模型和相关模型几乎无法对此类结果作出准确预测。这并不奇怪，正如我所解释的，模型中的损害函数仅适用于特定条件，被校准来为小幅度升温提供较小的损害估计，对于4摄氏度或更高幅度的升温所预期的损害，无法给出有意义的答案。而这是令人遗憾的，因为正是灾难性结果的可能性真正推动了碳社会成本的上升，并对气候政策产生重要影响。

"灾难性的结果"是什么意思呢？对于气候科学家来说，通常意味着高温。具体的升温幅度虽然没有定论，不过几乎所有从事气候变化研究的人都会同意，到2100年温度升高5摄氏度或6摄氏度将属于灾难性范畴。温度如此大幅增加可能是由于气候系统在二氧化碳浓度持续增加时达到了一个临界点。所谓"临界点"是指一个失控的反馈现象，在这种现象中（例如）变暖导致更多的温室气体释放（可能来自永久冻土的融化），进而导致更多的变暖，又引发进一步的温室气体释放，如此循环。

暂且搁置对极端升温概率的估计困难，最重要的不是升温本身，而是其影响。这种影响是否具有"灾难性"，以及更小（但更有可能发生）的升温，比如3摄氏度，是否足以产生灾难性影响？针对这一问题众说纷纭，有人认为，即使是2摄氏度的温度增加也将是灾难性的。例如，Carbon Brief是一个包含70项经过同行评议的气候研究的交互式集合网站，展示了不同温度预测对世界的影响，其指出，2摄氏度的升温可能导致全球 GDP 永久性减少 13%。[①]

那么灾难性结果有多大可能发生，会有多么灾难性呢？在气候系统达到"临界点"、温度迅速升高之前，大气中的二氧化碳浓度可以多高呢？很遗憾，我们并不知道答案。我们不知道是否存在临界点，如果存在的话，可能在哪里，以及大幅度升温的影响可能是什么。此外，尽管气候科学家在气候变化研究方面进行了大量研究，但这些问题的答案很难在未来几年内变得清晰，可能性和影响的灾难性结果可能仅限于"无法预知"的范畴。但这并不意味着我们应该忽视这种可能性。相反，当我们考虑气候政策时，正如我在下一章中所解释的，气候灾难的可能性应该是首要问题。

3.5　延伸阅读

在本章中，我简要概述了关于气候变化我们已知和未知的知识，包括不确定性的性质和范围。相关文献非常丰富，但对于那些希望进一步了解的读者，我推荐以下书籍和文章（部分是我在第 1 章的结尾推荐的）帮助入门：

有两本书很好地从科学视角介绍了气候变化。这两本书分别是约瑟夫·罗姆（Joseph Romm）于 2018 年所著的《气候变化：你不得不知的那些事》（*Climate Change：What Everyone Needs to Know*）[②]和约翰·霍顿（John Houghton）于 2015 年所著的《全球变暖：完整介绍》（*Global Warming：The Complete Briefing*）[③]。而关于经济视角的气候变化简介书籍，请参阅希尔（Heal，2017a）。斯托克（Stock，2019）一书则讨论了 GDP 增长与气候变化之间的联系，描述了估计这种关系的统计方法。

如果你想对气候变化以及其带来的影响和缓解策略进行全面和详细的

[①]　CarbonBrief 的网址是 https：//www.carbonbrief.org/。
[②]　该书中文版《气候变化（牛津科普读本）》，由华中科技大学出版社于 2020 年出版，译者为黄刚、熊伊雪、田群等。ISBN：9787568060165。
[③]　《全球变暖》（第 4 版）由气象出版社于 2013 年出版，译者为丁一汇。ISBN：9787502956288。

了解的话，请参阅联合国政府间气候变化专门委员会（IPCC）的3卷报告以及联合国政府间气候变化专门委员会（IPCC）在2018年发布的关于升温超过1.5摄氏度可能影响的特别报告（2014，2018）。本章中的很多内容也出现在平狄克（2021）的著作中。

科皮兹、马丁与沃尔弗顿（Kopits，Marten 和 Wolverton，2013）的文章很好地概括了为什么灾难性气候结果的可能性可以成为碳社会成本的主要驱动因素，以及其对政策分析的影响。关于气候不确定性的讨论，特别是可能发生的灾难性结果的不确定性如何使气候政策分析复杂化，参见平狄克（2013b）、希尔和米尔纳（Heal 和 Millner，2014）。霍金斯与苏顿（Hawkins 和 Sutton，2009）通过按来源对其进行分解，来更好地理解气候变化的不确定性。

越来越多的研究将温度变化与国内生产总值（GDP）和其他经济产出指标，包括农业产出联系起来。戴尔、琼斯与欧肯（Dell，Jones 和 Olken，2014），奥夫海默（Auffhammer等，2013）以及布朗克和施伦克尔（Blanc 和 Schlenker，2017）对其中一些研究进行了概述。对于升温（以及更普遍意义上，气候变化）影响的估计范围非常广泛；关于最近的两项调查，请参阅托尔（Tol，2018）和诺德豪斯与墨菲特（Nordhaus 和 Mof-fat，2017）。此外，奥夫海默（Auffhammer，2018）和科尔斯塔与穆尔（Kolstad 和 Moore，2020）简述了为什么很难量化气候变化可能导致的经济损失，一些已经使用过的统计方法以及一些取得的进展。

本章解释了碳社会成本是设计用于减少二氧化碳排放的碳税或其他政策的实用度量标准的原因。想要知道为什么以及如何对二氧化碳排放等外部性征税？有关环境政策基础知识的介绍，请参阅平狄克与鲁宾菲尔德（Rubinfeld，2018）合著的教科书的第8章。科尔斯塔（Kolstad，2010）和法纳夫与瑞奎特（Phaneuf 和 Requate，2017）出版的两本优秀的教科书对环境经济学和环境经济政策进行了详尽的论述。

关于碳社会成本的最新估计，可以参考美国国家科学院（National Academy of Sciences，2017）的报告。有人认为由于损害的性质是非线性的，使用碳社会成本存在问题，例如摩根（Morgan等，2017）的观点。

　　最近，我对数百名气候科学和气候经济学专家进行了调查，以获取他们对碳社会成本的意见。调查结果显示，专家们之间分歧相当大，并且所隐含的碳社会成本数字差异也很大。详细内容可以参考平狄克（2019）的研究。

　　碳社会成本很大程度上取决于将未来成本和收益折算成现值的贴现率。鉴于温室气体减排的大部分收益将发生在遥远的未来，但成本现在就已累积，高贴现率将使碳社会成本相对较低。有关贴现的介绍，请参见戈利耶（Gollier，2001，2013）和弗雷德里克（Frederick，2006）。

第4章

不确定性在气候政策中的作用

正如我在引言中所解释的那样，我们阅读的许多书籍、文章和新闻报道似乎让我们对气候变化及其影响的了解有别于真实情况。评论员和政治家也经常发表诸如"如果我们不立即采取行动并大幅减少二氧化碳排放，将会引起以下后果……"的言论。就好像我们知道这些事一定会发生那样，我们很少听闻"这些事情可能会发生"，而总是被告知"这些事情一定会发生"。

我们不应对这样的情况感到意外。相对于不确定事件，我们更偏好确定的事，而当我们不知道未来会发生什么时则会感到不舒服。我们大多数人甚至难以理解涉及概率的概念。[1]大多数人更愿意听到"到2050年，温度将上升X摄氏度，海平面将上升Y米，因此GDP将下降百分之Z"的说法，而不是"温度上升X摄氏度的可能性为10%"。许多人选择忽视或否认这个事实：即使我们能够准确预测未来的温室气体排放量，我们也不知道（在目前的情况下也无法知道）这将使得温度或海平面上升多少。即使我们能够准确预测温度和海平面的上升幅度，我们也无从知晓它们对GDP或其他经济和社会福利指标的影响。正如在前一章中所述的那样：一言以蔽之，"气候结果"——在此特指气候变化的程度及其对经济和社

---

[1]　因此，经济学家通常被迫提出具体的预测，尽管他们知道（但可能不愿承认）他们作出的预测几乎没有依据。

会的影响——比大多数人所想的要更加难以确定。

　　本章中我将转而研究这种不确定性对政策的影响。你可能会认为面对如此多的不确定性，我们应当采取静观其变的态度，而非立即采取铁腕减排的措施。毕竟，如果我们不知道气候变化的程度，也不知道气候变化的影响，为什么要急于承担减排行动的高额开销呢？事实上，这正是许多反对征收碳税或其他减排措施的人士所提出的论点之一。但是实际上这个论点是错误的，它颠倒了因果。如我们所见，不确定性本身就能促使我们立即采取行动。因为当我们面对不确定性，尤其是可能出现极端结果的不确定性时，我们需要采取额外的保险措施。

　　目前，我们无从知晓各国将采取何种气候政策，以及由此推得的全球将减少的二氧化碳排放量。如果幸运的话，即使二氧化碳排放量发生变化，我们所面临的气候变化及其影响也不大。但这同时也意味着我们无法排除遭遇灾难性的气候结果的可能，这会给社会带来巨大的损失和负担。这种不确定性并不意味着我们应该回避问题，不采取任何行动。相反，我们应该立即采取行动，作为未来可能出现的巨大开支情况下的保险措施。

　　类比购买房屋保险的情境，你不知道在未来几年里你的房屋是否会经历火灾、洪水或树木倒塌，更不用说这样未知的事件会给你带来多大的损失。但这并不意味着你就不应该为你的房屋购买保险，任由事态发生而无所作为。相反，明智的房主会购买足额的保险来覆盖不利事件的潜在成本，即使发生这种事件的可能性很小。

　　气候结果的不确定性还会带来其他影响。考虑气候政策——广义上的环境政策——中固有的不可逆性。人们早就认识到环境破坏可能是不可逆的，这使得环境政策比其他领域的政策显得更加"保护主义"。多亏了乔尼·米歇尔（Joni Mitchell），即使不是一名经济学家也知道不应当竭泽而渔。如果我们"为了铺成停车场，而毁掉一个天堂"，"天堂"将可能永远消失。如果"天堂"对未来世代的价值是不确定的，那么保护它的好处还应该包括一种"选择价值"，这会推动成本效益计算朝着保护的方向倾斜。但与此同时，还有一种相反方向的不可逆性：保护"天堂"对社会施加了沉没成本。所谓"沉没成本"，指的是无法收回的成本，即对某项的支出是不可逆的。如果要保护的"天堂"包括清洁空气和清洁水源，保护它可能意味着需要对减排设备进行包含沉没成本的投资，以及生产过程中更高昂且持续的沉没成本支出。换句话说，保护天堂需要不可逆的支出，即未来无法收回的资金。这种不可逆性将导致政策在保护方面变得不那么"保护主义"，即它们会使成本效益计算朝着远离保护的方向倾斜。

哪一种不可逆性适用于气候政策？两者其实都适用。鉴于它们在相反的方向上发挥作用，也很难说哪一种更为重要。继续阅读，你将理解这些不可逆性是如何起作用的。虽然两者都很重要，但是我们无法确定其中的哪一个更重要。

4.1　不确定性的影响

前文已经论述过，当谈到未来的二氧化碳排放量及其在大气中的积累时，我们对正在发生的情况有着较好的理解。诚然，不确定性是存在的，即长期的 GDP 变化、碳强度变化和二氧化碳消散速率的变化等都是不确定的。但这种不确定性是有限的，可以框定变化区间。然而，当涉及气候敏感性，以及由此带来的长期的温度变化时，不确定性则要大得多：温度结果在轻微情况和严重情况下的差异可能会相差 3 倍或更多。最后，当谈及更高温度带来的影响时，我们几乎没有理论或数据可供参考，因此我们的预测最终将归为猜测。这反过来意味着可能性的范围非常广泛。

这些不确定性令气候政策的设计和分析与环境经济学中的大多数其他问题截然不同。大多数环境问题都适用标准的成本效益分析。以决定限制燃煤发电厂二氧化硫和氮氧化物排放量为例，这些有害气体排放对居住在下风处的人们的健康威胁巨大，同时还会导致湖泊和河流酸化，对鱼类和其他野生动物造成伤害。我们希望限制这些排放，但这么做是有成本的，因为它会提高发电厂产生的电力价格。通常这是因为发电厂需要安装昂贵的尾气处理装置来减少二氧化硫排放量，将污染物从排放气体中去除，或者发电厂通过燃烧（更昂贵的）低硫煤来减少有害气体排放量。[①]另一方面，减少排放会带来好处，能够减少由于燃煤发电导致的健康问题，以及减少对湖泊和河流的破坏。

那么我们应该如何确定发电厂排放量应该减少的程度？我们会将特定减排措施带来的成本与所产生的效益进行比较，如果成本低于效益，我们会考虑进一步减排。诚然，对于任何候选政策的成本和效益，不确定性都是难以避免的，但这些不确定性的特征和程度通常能够被充分理解，且与许多其他公共和私人政策或投资决策涉及的不确定性相当。当然，经济学家可能，也可以对分析的细节进行争论。但归根结底，我们处于熟知的领域，我们知道我们在做什么。如果我们得出一个减少二氧化硫排放量的政策是合理的结论，那至少这个结论在大多数经济学家眼中都是合乎逻辑的。

但正如我先前所述，对于气候变化来说情况并非如此。气候政策是有争议的，这是由于不确定性使得实行更严格还是更宽松的减排政策的论证变得复杂。气候科学家和经济学家在不同气候政策引起不同结果的可能性上存在分歧，尤其是在灾难性结果方面。同样地，在评估减排政策的潜在效益时，对于应该采用的框架也存在分歧。这种分歧在选择贴现率（以比较未来效益与现在成本）时显得尤为重要，因为大部分效益将发生在遥远的未来，而这些分歧将令气候政策难以实行标准的成本效益分析。

归根结底，未来气候变化的程度及影响的巨大不确定性使气候政策的制定变得复杂。此外，尽管这种不确定性导致的温度增加范围和影响范围区间很大，但鉴于其可能涉及灾难性结果，这种不确定性尤其令人担忧。那么我们应该怎么做呢？在我们的气候变化模型中是否有一种适当的方式来考虑这种不确定性？我们应该如何处理灾难性结果的可能性？我们如何衡量趁早行动提供的保险价值以及气候政策中固有的冲突不可逆性？

---

① 使用煤炭发电的情况正在急剧下降，这在很大程度上是由于廉价天然气的供应。最近也有太阳能和风能发电发展的原因。

4.1.1 应对不确定性的方法

在过去的几十年中，综合评估模型（IAMs）及其相关模型的发展一直如日中天。已经有几十个大型模型（还有更多的小型模型）被建立并应用于预测温度、海平面和其他气候方面的变化，以及这些变化对经济的影响。然而，气候变化及其影响的不确定性使得这些预测的价值（甚至是模型本身的价值）令人怀疑。退一万步讲，我们能做些什么呢？我们是否应该承认自己在未来面前的无知？如果是这样，那么"采取相应行动"又意味着什么？

大多数构建和使用模型的人并不认为我们应该放弃模型，并且认为一定有方法可以考虑到不确定性，使模型仍然具有实用性。一种方法是将不确定性纳入模型的参数中。例如，在前一章中，我们介绍了方程（3-1）中的损失函数，该函数具有两个参数（π_1和π_2）。为了考虑较高温度对影响的不确定性，我们可以将这两个参数视为随机变量，并观察这种处理对可能影响范围的影响。这就是蒙特卡洛模拟的基础，下面将对此进行讨论。

第二种使用得较少的方法是构建一个纳入不确定性，但参数不一定未知的模型。例如，对"绿色技术"的投资将取决于该投资的回报风险，这取决于整体经济风险以及技术特定的风险。第三种方法则是采用具有不确定参数的模型，并以"最佳情况"和"最坏情况"的结果来总结不确定性。

1.参数不确定性：蒙特卡洛模拟

IAMs和相关模型的开发者承认，参数甚至一些方程的函数形式存在不确定性。那么，我们该如何处理这种不确定性呢？建模者们采用的一种方法是蒙特卡洛模拟。在蒙特卡洛模拟中，模型中的每个参数并非是已知且固定的，而是被赋予一个概率分布。概率分布是如何被决定的？它由建模者选择，并代表了建模者对该参数的不确定性性质的看法。概率分布的标准差同样由建模者选择，反映了不确定性的程度。

一个模型可能有10或20个被视为不确定的参数，因此可能有10或20个概率分布（每个不确定参数对应一个）。然后，模型将被反复运行，运行次数可能达到100 000次或更多。对于每次运行，为每个参数依据其概率分布获取随机抽样。从这100 000次运行中，我们可以得到一个输出变量（如温度或世纪末的失去的GDP）的分布，均值和标准差。[1]

　　这是合乎逻辑的。事实上，蒙特卡洛模拟被广泛运用于多种科学实践中。但是在气候变化的背景下，它真的能告诉我们很多不确定性的性质及其对政策的影响吗？不幸的是，答案是否定的。问题在于每个参数的概率分布的选择。对于大多数参数，我们根本不知道正确的概率分布（正如我们不知道确切的参数值一样），而选择不同的概率分布可能会导致预期结果的差异很大。更糟糕的是，我们甚至不知道某些关键关系的正确函数形式。当涉及气候变化的影响时，这个问题便尤为显著。正如我之前提到的那样，诺德豪斯的DICE模型使用的损失函数是一个简单的平方反比函数：

$$L(\Delta T) = \frac{1}{\left[1 + \pi_1 \Delta T + \pi_2 (\Delta T)^2\right]} \tag{4-1}$$

其中，ΔT是温度的人为增加量，$L(\Delta T)$表示在ΔT的气温变化量下GDP和消费的减少，即其损失。但请记住，这个损失函数完全是假设的，而非从理论或数据中推导所得的。就算这个平方反比函数在某种程度上是真正的损失函数，也没有理论或数据可以告诉我们参数π_1和π_2的正确值，正确概率分布，甚至于正确的均值和方差。

　　举例说明，假设我们通过某种手段选定了π_1和π_2的概率分布，蒙特卡洛模拟将给出在任一特定温度增加ΔT下的预期损失$L(\Delta T)$。但是假设我们随后相信随着温度增加，损害可能会迅速上升，且上升的比平方反比函数所示的要快。这可能会使我们得出结论，损失函数应该与我们选择的有出入，例如，可能是立方反比而不是平方反比关系。我们可能会决定采用以下的立方反比损失函数：

$$L(\Delta T) = \frac{1}{\left[1 + \pi_1 \Delta T + \pi_2 (\Delta T)^3\right]} \tag{4-2}$$

---

[1]　诺德豪斯（Nordhaus，2018）提供了一个清晰的例子，其展示了将蒙特卡洛模拟应用于IAMs的应用情况。麻省理工学院的全球变化科学与政策联合计划在他们的建模工作的早期就强调了不确定性的重要性和影响，并承认没有依据表明模型需要纳入损失函数。

在这个损失函数形式下，蒙特卡洛模拟将给出一个非常不同（且更大）的预期损失。同样，有人可能会认为我们对 π_1 和 π_2 使用了错误的概率分布，或者我们选择的概率分布是合理的，但是选定了错误的均值和（或）方差。改变概率分布或概率分布的均值和方差也将导致预期损失的估计产生截然不同的结果。

由此可见，蒙特卡洛模拟是一个强有力且被广泛使用的工具，它能将不确定性纳入模型的考量之中。但只有当应用的模型具有坚实的理论和实证基础，所选的参数的概率分布易于理解且经过实证检验时，这一模拟才有效。然而，考虑气候变化时，我们对参数的正确概率分布几乎一无所知，就像我们对其应用的损害函数一样。将任意概率分布赋予任意函数的参数并运行蒙特卡洛模拟对我们几乎毫无帮助，基本原理很简单：如果我们并不了解 A 如何影响 B，但我们主观创造了某种 A 如何影响 B 的模型，对这一模型运行蒙特卡洛模拟并不能增进我们对其的了解。

2.其他应对不确定性的方法

另一种方法是将不确定性纳入模型的运作中。蔡与隆泽克（Cai 和 Lontzek，2019）、鲁迪克（Rudik，2020）以及范登布雷默与范德普罗格（van den Bremer 和 van der Ploeg，2021）的模型均使用了这一方法。在这些模型中，各种重要参数被视为不确定，但与进行蒙特卡洛模拟（需要指定参数的概率分布）不同的是，他们的模型针对一系列不同的参数值进行求解，并且，某些变量的动态演进过程明确地具有随机性。例如，在蔡与隆泽克（Cai 和 Lontzek，2019）的模型中，未来碳排放的驱动因素之一，经济增长，被视为一个随机过程。这是合乎现实的，因为未来经济增长具有不确定性。而在经济增长不确定的情况下，模型生成的碳社会成本变得部分随机，这意味着未来的碳社会成本也存在不确定性。

这是一种进步，因为它使不确定性本身成为模型的一个明确部分。以经济增长为例，这意味着描述其不确定性的性质和程度，以及它对未来的二氧化碳排放量的影响。然而，即使它是一种进步，它仍然无法改变一个事实，即我们不知道模型中某些关键关系的正确函数形式。

另一种方法是由哈斯勒、克鲁索尔与欧洛森（Hassler、Krusell 和

Olovsson，2018）等人采用的方法，他们使用具有不确定参数的模型来估计"最好情况"和"最坏情况"的结果，即在合理范围内通过使用最有利的参数值生成"最好情况"结果，再使用最不利的参数值生成"最坏情况"结果。这种方法的优点是能揭示不可逆性的作用。例如，现在我们可能花费大量资金来减少二氧化碳排放量，然后发现20年或30年后气候变化问题比我们想象的要小得多；抑或，如果我们现在只做很少的努力来减少二氧化碳排放量而放任它们继续在大气中积累，20年或30年后我们便不得不面对最为灾难性的结果。不论哪种结果似乎都不是理想的。

现在问题来了：是否"最好情况"的结果的确是我们可以合理期望的最有利的结果？"最坏情况"结果是否的确是最不利的结果？这些问题很难回答，因为"最好情况"和"最坏情况"结果都是基于有限理论和经验支持的一个或数个模型得出的。但这种方法至少提供了一些对可能结果范围的估计，从而揭示了我们面临的不确定性的程度。这对帮助我们评估在制定气候政策时不可逆性和保险价值的作用和重要性而言是颇有裨益的。

4.1.2 不确定性如何影响气候政策？

到此为止，希望读者朋友们已经明白，气候变化具有非常大的不确定性。但是对于不确定性的性质和程度却仍然存在相当大的分歧。鉴于这种不确定性，我们应该如何应对？感到沮丧并逃避问题并不是最好的选择，立即完全停止生产任何类型的化石燃料，报废我们的汽车并关掉灯光来减少排放似乎也不切实际。选择一个折中的政策可能更好，但应该是什么样的政策呢？我们面临的不确定性会如何推动政策的落地？

在本章的开头，我解释过不确定性会通过两种方式影响政策。首先，它会创造用于防范极坏结果的保险价值。这种保险价值可以促使我们采取行动，采取比我们本来会采取的更严格的减排政策。其次，气候政策存在不可逆性，这些不可逆性可以通过与不确定性的相互作用来影响政策。然而，这些不可逆转的净效应尚不清楚。正如我们接下来将要谈及的那样，我们不能确定它们会为我们带来更积极还是更保守的气候政策。

4.1.3 气候保险的价值

气候变化的不确定性通过两种不同方式创造保险价值，我们需要将它们区分清楚。

第一种方式是不确定性体现在"损失函数"中，即由于特定的温度增加而导致的GDP损失。尽管任何温度增加对损失的影响都存在高度不确定性，但很可能，随着温度变化的增大，损失函数将变得越来越陡峭。换句话说，从3摄氏度的升温到4摄氏度的升温可能会导致的GDP减少要比从1摄氏度的升温到2摄氏度的升温的减少大得多。随着温度增加的幅度变大，损失将会变得更加严重，适应变得更加困难，因此，每增加1摄氏度的升温带来的损失也会增加。

第二种方式是通过社会的风险厌恶性。风险厌恶是指对确定性结果而非风险结果的偏好，即使这个风险结果与非风险结果相比具有相同，甚至更高的预期价值。我们不知道"正确"的社会福利函数是什么，但我们希望它至少表现出一定程度的风险厌恶性。为什么？因为构成社会的大多数人倾向于对风险持谨慎态度。风险厌恶的社会福利函数意味着整个社会将愿意付出代价来避免产生极坏气候结果的风险。

1. 损失函数

为了理解不确定性与斜率逐渐增加（二阶导数为正）的损失函数如何共同创造保险价值，我们将使用一个非常简单的例子来说明。考虑未来的一个时间点，比如2050年，并忽略未来成本和收益的贴现问题。为了说明这个例子，我假设温度增加ΔT导致的GDP损失的百分比符合以下方程：

$$L(\Delta T) = 1 - \frac{1}{1 + 0.01(\Delta T)^2} \qquad (4-3)$$

方程（4-3）表明：$L(0) = 0$，即当没有温度增加时，GDP不会产生损失。它还表示$L(2) = 0.04$，即2摄氏度的温度增加将导致GDP损失4%；$L(4) = 0.14$，即4摄氏度的温度增加将导致GDP损失14%；$L(6) = 0.26$，即6摄氏度的温度增加将导致GDP损失26%，以此类推。请注意，每增加2摄氏度的温度导致的额外损失会越来越大，这就是我们所说的"越来越陡峭的损失函数"。

首先，假设我们可以确定，到2050年，全球平均气温将增加2摄氏度。并且假设我们与没有更高平均气温的情况相比，这2摄氏度的温度增加将导致GDP下降4%，就像方程（4-1）描述的那样。为了避免这样的温度增加，我们应该愿意牺牲百分之多少的GDP呢？最多4%。也许我们能以低于4%的GDP成本（如通过开发和利用新的节能技术）来避免平均气温的增加。但是即使不存在这些替代方案，我们也愿意牺牲最多4%的GDP。

现在，假设平均气温的增加存在不确定性。我们认为温度有可能根本不会增加，或者可能增加4摄氏度，每种结果的概率均为50%。温度增加的预期值是多少？是（0×0.5+4×0.5=）2摄氏度。因此，温度增加的期望值——也即平均值——与第一种情况下的2摄氏度相同，但是现在存在不确定性——气温增加可能为0，也可能为4摄氏度。这种不确定性是否会对结果产生影响呢？

如果温度增加4摄氏度，对GDP的影响会有多严重呢？它会使GDP减少8%吗，即会是2摄氏度温度增加导致GDP下降的数量是原来的2倍吗？并非如此。我们预计对GDP的影响将远远超过8%。由于更高的温度可能导致海平面显著上升（如高温致使南极冰盖融化）、作物受到非常严重的破坏，以及传染病传播的大幅增加，气温增加造成的损害很可能是远超比例增长的。我们不知道实际的影响会是多少，但我们预计其影响将是2摄氏度温度增加的2倍以上。根据方程（4-1）的假设，我们得出温度增加4摄氏度将导致GDP下降14%。在这种情况下，我们应该愿意牺牲多少百分比的GDP来避免出现4摄氏度温度增加的可能性呢？

为了回答这个问题，让我们考虑温度增加对GDP影响的预期规模。温度增加的预期规模仍然是2摄氏度，而依据我们对方程（4-1）的损失函数形式的假设，2摄氏度温度增加的影响将导致GDP减少4%。但是，没有温度增加和4摄氏度温度增加各有50%的可能性所导致的预期影响大于GDP减少的4%。它导致（0×0.5+14×0.5=）7%的GDP下降。这意味着我们应该愿意牺牲高达7%的GDP来避免发生4摄氏度温度增加的50%可能性。再次强调，或许我们能以低于GDP的7%的成本避免温度增加，但是如果迫不得已，我们愿意牺牲高达那个数值。温度增加的期望值仍然是2摄氏度，为什么我们愿意牺牲那么多？因为4摄氏度的温度增加，尽管只有 50% 的可能性发生，但一旦发生，它将造成更大的破坏。

以此类推，假设不发生气温增加的可能性为 75%，只有 25% 的可能性发生 8 摄氏度的气温增加。假设 8 摄氏度的温度增加将接近一场灾难，并导致 GDP 损失 40%，仍然使用方程（4-1）的损失函数，温度增加的期望值仍然是 2 摄氏度（0 × 0.75 + 8 × 0.25）。但这种温度的预期影响现在远远超过 GDP 的 4%。其预期影响是 10%（0×0.75+40×0.25）的 GDP 下降。这意味着如果有必要，我们应该愿意牺牲至多 10% 的 GDP 来避免这 25% 发生 8 摄氏度气温增加的可能性。

以上计算的结果汇总于表 4-1 中。这里的情况相当简单：就对 GDP 的影响而言，4 摄氏度的气温增加比 2 摄氏度的气温增加更有害。因此，即使发生 4 摄氏度的气温增加的可能性只有 50%，我们也愿意为了避免风险而为之付出代价。而 8 摄氏度的气温增加相比 4 摄氏度的气温增加而言更有害，亦远超 2 摄氏度的气温增加造成的影响。因此，即使出现这种极端情况的可能性很小，我们也愿意付出高昂的代价来避免这种灾难性的后果。

表 4-1   可能的气温变化及对经济的影响

气温变化（ΔT）的最大可能值	ΔT 变化了最大值的可能性	ΔT 没有发生变化的可能性	如果 ΔT 变化了最大值，GDP 损失的百分比	GDP 损失的期望值
2 摄氏度	1	0	4%	4%
4 摄氏度	0.5	0.5	14%	7%
8 摄氏度	0.25	0.75	40%	10%

这正是保险的核心所在：我们为了避免一个非常糟糕的结果而支付费用，即使这个结果发生的可能性很小。这就是为什么我们会为房屋购买火灾、暴风雨或洪水等重大损害的保险，为什么我们会购买医疗保险来支付长期住院治疗的费用，以及为什么我们会购买人寿保险，即使我们身体健康，并预计自己还能活很多年。同理，作为一个社会，我们应当愿意支付

相当高昂的费用来购买保险，以应对一个发生可能性不大，但是后果十分严重的气候结果。

可能的影响基于先前假设的损失函数（4-3），即 $L(\Delta T) = 1 - \dfrac{1}{1 + 0.01(\Delta T)^2}$。在以上3种情况中，气温变化的期望值均为2摄氏度，但是GDP的期望损失随着气温变化（ΔT）的最大可能值的增加而增加。

2.GDP损失及社会福利

这些简单的计算表明，我们应该愿意牺牲相当一部分GDP（也就是相当一部分消费）来针对极端恶劣气候上保险。但到目前为止，我们只考虑了保险价值的一种来源：我们聚焦于GDP的预期损失（随着最高可能温度的升高而增加），但我们隐含地假设，从社会福利的角度来看，10%GDP损失的糟糕程度恰好是5%的2倍，但实际上前者糟糕程度可能会超过后者的2倍。原因与人们对收入和消费的价值的评估有关。

假设你的税后年可支配收入为60 000美元，现在这个数字增加到70 000美元，意味着现在你有额外的10 000美元可用于消费，这可能会让你很高兴。但现在假设你的起始收入为160 000美元，此时再增加10 000美元为170 000美元。额外的10 000美元收入仍会让你高兴，但很可能不会像之前那样高兴。原因在于如果起始收入为160 000美元，你已经能够购买许多想要的东西，所以额外的10 000美元并没有给你带来那么多的价值。我们称这种现象为收入边际效用递减；额外10 000美元收入增加的价值（以其提供的满足感来衡量）随着起始收入的增加而降低。

当然，对于大多数人而言，气候变化会导致收入减少而不是增加。所以现在让我们考察一下，如果缩减收入会发生什么变化。假设气候变化损害了经济，将导致你的可支配收入和可消费金额减少。

假设起始收入为60 000美元，我们比较10%的损失（即收入降至54 000美元）和5%的损失（即收入降至57 000美元）。10%收入损失的感觉是否是5%损失的2倍？你可能有自己的答案，但大多数人会说10%的收入损失比5%的2倍更糟糕。你可以通过将10%的损失（即6 000美元的损失）分为两个5%的损失（即3 000美元和另外3 000美元）来看到这一点。第一个5%的损失将你的收入降至57 000美元，这3 000美元的减少会带来负面影响。但第二个5%的损失会将你从57 000美元降至54 000美元，对于大多数人来说，第二个3 000美元的减少比第一个3 000美元的减少带来更大的负面作用。

换句话说，如果你的收入只有54 000美元，此时额外的3 000美元比收入57 000美元时的额外3 000美元更有价值，这也是收入边际效用递减的一个例子。

我们所说的"收入边际效用递减"对应于风险规避。让我们再次考察60 000美元的可支配收入，但这次我们给你一个选择：选择A，你的收入将降低5%（即降低到57 000美元）；选择B，你可以抛1次硬币，如果正面朝上，收入保持在60 000美元，但如果反面朝上，你的收入将下降10%至54 000美元。你会选择哪个选项？大多数人会选择选项A，因为他们倾向于风险厌恶：10%的收入下降比5%的收入下降更糟糕。

再举个例子：你可能会拒绝这样一个赌局：你有50%的机会赢得10 000美元或输掉10 000美元。原因是，对于大多数人来说，赢得10 000美元的价值小于输掉10 000美元的损失。如果想让你同意参加这个赌局，需要多付你多少钱？也许是2 000美元：这样你各有50%的机会赢得12 000美元或输掉10 000美元？或者3 000美元？你需要支付的费用越高，风险厌恶的属性就越强。[①]你可以将这笔额外支付的费用视为保险费。

整个社会风险厌恶的属性有多强？这个问题很难回答，因为社会由许多对风险持有不同态度的人组成。金融市场数据告诉我们，投资者总体上

---

① 经济学家经常用效用方程将收入、财富和消费转化为量化的满足感来描述风险规避。如果想知道标准定义，可参考 Pindyck 和 Rubinfeld（2018）。一个常用的效用方程如下：$u(y) = \dfrac{1}{1-\eta} y^{1-\eta}$，其中 y 是收入，而 η 是相对风险厌恶系数。在这一情况下边际效益是 $du/dy = y^{-\eta}$，随收入升高而递减，且 η 越大，递减得越快。故，η 越大，你对保险所得的偏好就越强。根据金融市场和消费、储蓄相关数据，全社会的相对风险厌恶系数较为显著，在2~5之间。

似乎具有相当大的风险规避程度，但并不是每个人都是投资者，且避免气候变化也不同于股票投资。

那么这和气候政策有什么关系？它表明了为什么气候变化的不确定性如此重要，特别是为什么社会应该愿意牺牲相当大的GDP来避免极其恶劣的气候结果的风险——即使这种风险很小。极端结果的风险——有时被称为"长尾风险"（tail risk）——可能促使我们迅速采取严格的减排政策，而不是等着看气候变化会变得多糟糕。实际上，通过现在减少排放，我们相当于购买了1份保值可观的保险。

现在，你可能觉得"这很好，但气候保险的价值究竟有多大？它在引导我们采取正确行动方面有多大作用？如果我们想要达到这一保险目的，还需要多减少多少碳排放量？"抱歉，我提供不了这些数字，且我不认为有人能够提供。你可能会对这个答案感到失望，但请记住我们所知甚少。我们不太了解实际的损失函数（用于生成表4-1的损失函数，见式4-3，完全是基于假设的）。我们也不知道整个社会的风险规避程度有多大。目前能够确定的是，这一气候保险的价值很可能相当大，并且会推动减排政策朝着更趋早和更严格的方向发展。

4.1.4　不可逆的影响

环境破坏的不可逆性一直以来有目共睹，这可能导致环保类政策过于激进。但我们也必须记住还有一种相反且具有不可逆性的作用：即环境保护给社会带来的沉没成本是不可赎回的。保持空气和水的清洁意味着对减排设备投资，甚至用更新的设备代替现有设备，这意味着更昂贵的生产过程的持续支出。如果清洁空气和水的未来价值不确定，那么这种不可逆性将导致政策偏向于相对更少的"保护主义"色彩。何出此言？因为如果将来空气和水的清洁程度低于我们当前的预期，我们会为付出的不可逆支出后悔，因为这些资源本可以用于其他事情上。

这两种不可逆性都对气候政策产生影响。因为二氧化碳可以在大气中停留数个世纪，而气候变化对生态系统的破坏可能是永久性的，因此有明显的理由采取早期行动。但是，减少碳排放可能非常昂贵——至少达到GDP的几个百分点——而这些成本在很大程度上是沉没成本，这又意味着有理由等待。①我们知道这两种不可逆性都很重要且产生相反的作用。最终哪种不可逆性将占主导地位，部分取决于所涉及的不确定性的性质和程度。

为了考察不确定性的重要性，让我们聚焦于第一种不可逆性——环境损害的不确定性。假设我们准确地知道大气中更高的二氧化碳浓度将带来多少完全不可逆的环境损害，同时我们还需要知道社会将如何评估未来的环境损害。如果确切地知道这种损害将被高度重视，我们肯定希望通过现在减少二氧化碳排放来减轻未来的损害。反之，如果我们确切地知道这一损害并不重要且不会被高度重视，那么就不会投入资源来减少排放。问题在于，我们并不知道且在其实际发生之前也永远无法知道，未来的损害将如何被评估。

如果损害是可逆的，那么现在没有必要采取任何行动。如果我们了解到未来损害的价值很高，我们只需"撤消"它们（因为我们在这里假设它们是可逆的）。但如果它们是不可逆的，我们将陷入困境，后悔今天没有更多地减排。此外，不确定性意味着损害可能被评估为小、中、高、非常高等等，你可以想象。我们可能会因为今天没有采取行动减少排放并限制未来损害而感到后悔。因此，减少排放的好处应包括一个"期权价值"，这推动成本效益计算朝着趁早行动的方向移动。

那么第二种不可逆性——现在的减排成本是沉没成本，无法挽回。在这种情况下，对未来损害价值的不确定性使得我们等待而不是立即采取行动。毕竟，损害的价值可能只是中、小，甚至可能是0。在这种情况下，我们将后悔今天花费了那么多资源来减少损害。这种情况下，等待具有"期权价值"，这将使成本效益计算向远离趁早行动的方向移动。

探索这些相互冲突的不可逆性并更深入了解它们的一个好方法，是通过数值示例。我在本章附录中提供了这样一个示例，可以帮助澄清不可逆性如何与不确定性相互作用以影响气候政策。

---

① 关于延后减排还有其他论据：未来科技发展可能会降低减排成本，且未经污染大气的有限性预示着碳的社会成本会随着大气中二氧化碳浓度上升而升高。

减排：有所保留还是加速？

上述讨论和本章附录中的数学示例旨在说明气候政策中存在两种不可逆的相互作用。但是现在你可能会想知道，我们可以从中得出什么结论？当涉及实际气候政策时，哪一种不可逆性更重要？我们应该因为沉没成本而在减排方面有所保留，还是因为排放所造成环境损害的不可逆性而加快减排？我们又应该在何种程度上推迟或加速？

不幸的是，我们当前无法针对这些问题提供精确的答案。为什么？因为我们对气候系统以及不同程度气候变化的影响仍不够了解。假设我们正在考虑一项积极但昂贵的减排政策，可以减排 80%，但我们不确定是否应当现在实施还是等待几年。这两种相互对立的不可逆性会把我们推向哪个方向？答案部分取决于减排成本，而这是不确定的。答案还取决于 80% 减排对未来温度变化的影响以及温度变化对 GDP 的影响，而我们也不了解这些。因此，虽然我们知道不减排造成的损害具有高度不确定性，但我们无法以一种量化的方式来表达不确定性。

那么我们该怎么办呢？减排对温度变化的影响以及温度变化对 GDP 和福利的影响具有很强的不确定性，以至于我们无法确定这两种相互对立不可逆性的净影响。而另一方面，强不确定性意味着趁早行动的保险价值很大。不管不可逆性的净影响如何，它们都可能会被这种保险价值所淹没——推动着我们趁早行动。

4.2　延伸阅读

上一章已解释了为什么气候变化方面存在如此多的不确定性，本章讨论了这种不确定性对气候政策的影响。我强调了相当大的不确定性意味着尽早减排具有保险价值，还解释了在不确定性的情况下，气候政策受到两种作用方向相反的不可逆性影响：早期减排的沉没成本，以及大气中持续累积、可能会存在几个世纪的二氧化碳。越来越多的文献试图解释这些问题。以下是一些例子。

•无论环境问题是否与气候有关，关于不确定性如何影响环境政策的总体讨论，可参见平狄克（2007）。关于不确定性是否应该促使我们推迟减排，里特曼（Litterman，2013）和平狄克（2013c）解释了为什么答案是否定的：我们应该立刻开始（通过碳税）减排。

•不确定性不仅困扰着气候政策制定：政府在面对高不确定性时通常必须作出政策决策。他们应该使用什么决策规则来应对不确定性？曼斯基（Manski，2013）针对这个普遍性问题给出了全面、易读的论述。

•希尔和米尔纳（Heal 和 Millner，2014）的研究检验了不确定性对气候变化政策的影响。他们更关注这一问题中社会福利的方面。本章的一些内容也出现在平狄克（2021）中。

•阿罗与费舍（Arrow 和 Fisher，1974）最早研究了环境损害不可逆性的影响。正如本章所解释的，有两种不同的不可逆性影响着气候政策——早期减排的沉没成本与大气中二氧化碳的持续和近乎永久的积累——由于不确定性，两者都很重要。许多研究在理论框架下探讨了这个问题，例如：科斯塔（Kolstad，1996）、沃尔夫（Ulph，1997）和平狄克（2000）。这些研究说明了潜在的问题，但并没有告诉我们如何制定气候政策。

•迪科斯特与平狄克（Dixit 和 Pindyck，1994）关于不可逆性如何与不确定性相结合影响经济决策给出了教科书式的全面阐释。

•综合评估模型能告诉我们灾难性气候的可能性和严重性吗？不太可能。由于缺乏理论和数据，我们无法模拟令人信服的极端结果，所以这些模型本质上只是对可能情况的假设性描述。另一方面，科皮兹、马丁与沃尔弗顿（Kopits,Marten 和 Wolverton，2013）以一个模型制定者的视角，概述了模型关于灾难性结果所提供的见解。

•英格兰银行前行长默文·金（Mervyn King）在另一个语境下讨论了深层次不确定性（他称之为根本性不确定性），但他所说的（2016）与气候政策的讨论高度相关："关于根本性不确定性的基本问题是，如果我们不知道未来可能发生什么，那么我们就是不知道，也没有必要假装知道。"不幸的是，我们所见所闻的很多东西使得人们看似比实际上更了解气候变化及其影响。

4.3　附录：不可逆的影响

在第4.1.4节中，我解释了未来成本和收益的不确定性可能会影响气候政策以及更普遍的环境政策的两种不可逆转性。首先，环境带来的损害本身可能是不可逆转的，这会引向更加"保护主义"的政策。其次，气候政策（如减少二氧化碳排放）可能会为社会产生沉没成本：减排设备采购的沉没成本投资以及替代性生产过程的连续沉没成本。第二种不可逆性可能导致不那么"保护主义"的政策。这两种不可逆性都很重要，但它们的作用方向相反，并且哪种将占主导地位部分取决于所涉及的不确定性的性质和程度。在本附录中，我使用数值示例来说明这一问题。

一个例证：假设社会必须决定是否应该现在就投资减排，那么我们在未来某个时刻，比如40年后，一定还会再面对同样的抉择。假设在每一个时刻只有两个选项：第一个选项是在减排方面不投资$(A=0)$；第二个选项是将GDP的6%花在减排上$(A=0.06)$。如果我们当下减排投资为$0(A_1=0)$，大气中就会累积10个单位的二氧化碳排放量。即当下排放量为E_1、大气浓度（atmospheric concentration）为M_1，我们就有了$E_1=M_1=10$。相反，如果我们将6%GDP花在减排上$(A_1=0.06)$，排放量将减少80%，即$E_1=M_1=2$。最后，我们假设二氧化碳排放是部分不可逆的：50%的碳排放将在未来40年中消解。也就是说，如果我们今天排放了10个单位的二氧化碳，40年后只有5个单位会继续存在。

为了简化，我们假设今天的碳排放对当下经济没有影响，只对未来经济产生负面作用。我们不知道这种负面影响有多大，只知道有两种可能性：50%的可能性无影响，50%的可能性会造成严重影响，具体数值参见表4-2。

假设现在没有减排$(A_1=0)$，则会排放10个单位的二氧化碳。那么在未来我们会期望减排多少？答案取决于其对经济的影响。如果影响是0，则没有理由减排，所以$A_2=0$。（这一结果没有呈现在表4-2中）但

如果影响很大——例如8%的GDP损失——我们就会希望减排，即$A_2 =$
0.06。如表4-2所示，当碳排放对经济影响很大，未来却又不减排的情
况下，GDP损失将高达31%。但如果未来采取减排措施，GDP损失仅
17%。虽然减排需要花费6%的GDP，但却能减少14%的损失，总体而
言是有利的。

表4-2   实例：立即减排还是观望

花费在减排上的GDP 百分比：A_1	$M_1 = E_1$	花费在减排上的 GDP百分比：A_2	$M_2 = (1 - \delta)M_1 + E_2$	"坏"结果下损 失的GDP百分比
$A_1 = 0$	10	$A_2 = 0$	$15 = 5 + 10$	31%
$A_1 = 0$	10	$A_2 = 0.06$	$7 = 5 + 2$	17%
$A_1 = 0$时的预期损失：$0.5 \times 0 + 0.5 \times 0.23 = 11.5\%$				
$A_1 = 0.06$	2	$A_2 = 0$	$11 = 1 + 10$	25%
$A_1 = 0.06$	2	$A_2 = 0.06$	$3 = 1 + 2$	8%
$A_1 = 0.06$时的预期损失：$0.5 \times 0 + 0.5 \times 0.14 = 7\%$				

A_1是立即减排所需的GDP百分比，A_2是40年后减排所花费的GDP百
分比。E是排放量，M是空气中的二氧化碳量。如果$A_1 = 0$，
$M_1 = E_1 = 10$，消散率$\delta = 0.5$，这一情况下的预期损失为11.5%GDP。如
果$A_1 = 0.06$，将减少80%的碳排放，$M_1 = E_1 = 2$，此时的预期损失为7%
GDP，而考虑到立即减排的6%GDP损失，此时真正的预期损失是13%，
大于$A_1 = 0$时的预期损失。所以此时的最佳策略是不立刻减排，而在40
年后减排。

为什么我们不在了解气候变化的影响是"好"还是"坏"之前就将A_1
设为0.06呢？原因是减排花费的6%GDP是一项不可逆支出，如果气候变
化没什么负面影响，我们就会后悔。但是，为了知道会有多后悔，我们必
须看看如果一开始就将A_1设为0.06会发生什么。正如表4-2所示，如果
$A_1 = 0.06$，只会排放两个单位的二氧化碳，其中只有一个单位40年后仍

然存在。如果我们了解到气候变化没什么负面影响，那么就没有减排的理由，因此我们将把A_2设为0。但如果影响是"坏"的，就最好进行减排，因此将把A_2设为0.06（这将导致GDP损失8%，而如果我们将A_2设为0，损失将达到25%）。

现在让我们回到最初关于A_1的决策。如果我们将A_1设为0，预期的GDP损失是多少？如表4-2所示，有50%的概率会有负面影响，在这种情况下，我们将把A_2设为0.06（这将花费GDP的6%），但仍会损失17%的GDP（因为$1 - \dfrac{1}{1 + 0.03 \times 7} = 0.17$），总GDP损失为17% + 6% = 23%。因此，如果$A_1 = 0$，则预期损失为0.5 × 0 + 0.5 × 0.23 = 11.5%。表4-2还表明，$A_1 = 0.06$时预期GDP损失为7%。由于差额（11.5% − 7% = 4.5%）小于减排成本的6%，因此最好不要现在进行减排，而是在将来了解到影响是负面的情况下再进行减排。

总之，我们假设二氧化碳排放只有部分是不可逆的，即今天的排放量有50%将在未来40年内消失。然而，减排成本是不可逆的，永远无法收回。在这种情况下，考虑到二氧化碳的影响是不确定的，只能在未来才能知道，因此最好等待而不是现在花费GDP的6%进行减排。由于今天的排放量有一半会消失，减排成本的不可逆性超过了环境的不可逆性。

除了消散率之外都与表4-2相同。无论A_1的值是什么，如果在未来影响是"坏"的，则最好进行减排，即将A_2设置为0.06。如果$A_1 = 0$（16.25%的损失）和如果$A_1 = 0.06$（8.5%的损失），现在差额16.25% −8.5%=7.75%大于提前减排的6%成本，因此最好立即进行减排。由于排放现在完全不可逆，我们被推向趁早行动。减排的沉没（不可逆）成本仍然存在，但现在环境不可逆性的影响占主导地位。

现在让我们改变一个关键假设，然后重复计算。这一次，我们假设一旦二氧化碳进入大气中就不会消失，因此环境损害是完全不可逆的。这意味着$M_2 = M_1 + E_2$，结果如表4-3所示。

表 4-3   修改后的示例：立即减排还是观望

花费在减排上的 GDP 百分比：A_1	$M_1 = E_1$	花费在减排上的 GDP 百分比：A_2	$M_2 = (1-\delta)M_1 + E_2$	"坏"结果下损失 的 GDP 百分比
$A_1 = 0$	10	$A_2 = 0$	$20 = 10 + 10$	37.5%
$A_1 = 0$	10	$A_2 = 0.06$	$12 = 10 + 2$	26.5%
$A_1 = 0$ 时的预期损失：$0.5 \times 0 + 0.5 \times 0.325 = 16.25\%$				
$A_1 = 0.06$	2	$A_2 = 0$	$12 = 2 + 10$	26.5%
$A_1 = 0.06$	2	$A_2 = 0.06$	$4 = 2 + 2$	11%
$A_1 = 0.06$ 时的预期损失：$0.5 \times 0 + 0.5 \times 0.17 = 8.5\%$				

由于我们现在假设进入大气中的任何二氧化碳都将永远留在那里，因此无论采取什么减排政策，在"坏"结果下的GDP损失将更大。将表4-3的最后1列与表4-2的最后1列进行比较。与前面的例子一样，无论A_1的值如何，如果未来影响是坏的，最好立即进行减排，即将A_2设置为0.06。

在我们知道有没有负面影响之前，什么是最优的减排政策呢？与初始的例子一样，我们通过分别计算将A_1设为0或0.06时的预期GDP损失来找出答案。如果$A_1 = 0$，则预期GDP损失为16.25%；如果$A_1 = 0.06$，则预期GDP损失为8.5%。现在差额$(16.25\% - 8.5\% = 7.75\%)$大于减排成本的6%，因此最好立即进行减排。由于排放完全不可逆，我们被推向早期行动。减排的沉没成本仍然存在，但现在环境不可逆性的影响占主导地位。

课后练习

作为一项课后练习，您可以尝试以下操作：修改表4-3中的数字，假设积极减排需要GDP的8%而不是6%。（我们仍然假设最初排放的任何二氧化碳都将在40年内留在大气中）因此，在表4-3中，将$A_1 = 0.06$替换为$A_1 = 0.08$，并将$A_2 = 0.06$替换为$A_2 = 0.08$。现在，计算如果A_1为0和

0.08的预期损失。您将发现如果$A_1 = 0$，则预期损失为17%，如果$A_1 = 0.08$，则预期损失为9%。差额为17% – 9% = 8%，正好等于减排成本的8%。在这种情况下，两种不可逆性的影响恰好平衡，因此我们对现在减排和不减排的行为持中立态度（可以抛硬币来决定）。

第5章

气候政策与气候变化：我们能期待什么？

在第2章中我们使用了一个极度简化的模型来检验截至21世纪末将全球平均气温上升限制在2摄氏度的可能性，即使我们乐观地设想未来的二氧化碳排放情景，即在2020—2100年间达成二氧化碳净零排放，全球平均气温的增加也很可能大大超过2摄氏度。当然，其中有些东西难以确定，尤其是气候敏感度的估值。我们在模型中将气候敏感度的值设定为3，这处于其"最可能"区间（"most likely" range）的中间位置。如果这个值实际上显著更低，这个气温的增加很可能小于2摄氏度，但如果这个值比预期的更高，气温增加可以高至4摄氏度。简而言之，如果我们要就"气温增加低于2摄氏度"打赌（并活得足够长能够得到结果），那么胜算会很小。

本章更详细探究了未来可能发生什么或不会发生什么。我们会从二氧化碳排放开始并探讨哪些情景可能要将其视作现实，它们又是否令人乐观。考虑到一些国家（还有美国的一些州）已经通过了要求在2050年达成二氧化碳净零排放（至少是以此为目标）的法规，我们能否做得比第2章中简化且乐观的情景更好呢？美国已经重新加入了《巴黎协定》，而如果在未来几年协定被再次修订并拓展，规定更加普遍、迅速的二氧化碳减排，我们能否推动二氧化碳净零排放大大早于本世纪末达成？但愿如此。总而言之，不同国家未来采取的气候政策的不确定性和气候系统自身的不确定性会是一样重要的。但是我们会注意到，世界是一个整体，所以即使二氧化碳净零排放的达成时间大大早于本世纪末是有可能的，这个概率也是很小的，而且我们肯定不能指望它。

到目前为止，除了在本书前面内容关于甲烷对气候变化的影响显著小于二氧化碳的断言，我们的讨论都忽略了甲烷。但就全球增温潜势而言，1吨甲烷大概相当于28吨二氧化碳，为什么说甲烷对气候变化的影响不及二氧化碳呢？因为每年甲烷的排放量远小于二氧化碳，且甲烷只会在大气层中存在约10年，而二氧化碳则会存在几个世纪。其结果是，温室气体排放的总增温效应中不到20%是甲烷造成的。但另一方面来说，20%并不是0，所以我们也会花一些时间具体讨论甲烷并评估其在未来数十年对气候变化的可能影响。

考虑二氧化碳排放和甲烷排放的不同情景（一些是现实的，一些则不那么现实），我们会考察它们对全球平均温度变化的"可能"影响。强调"可能"非常重要，因为考虑气候敏感度（和气候系统的其他方面）的所有不确定性，我们能做得最好的就是针对任何具体的排放情景提出一系列可能的结果。无论如何，着眼于这些不同情景下可能的结果是有用的，因为这有助于阐明社会正面临的风险，以及能够降低这种风险的"气候保险"的价值。

5.1　二氧化碳减排

我在本书的开始部分就主张，全球温室气体排放量很有可能保持增长，至少在未来10年是如此。但是就气候变化而言，"全球"排放量才是有意义的。来自亚太地区的排放，规模很大且已经在快速增长。相较之下，来自拉丁美洲、非洲和中东的排放量目前更加适中，但是增长同样快速。为什么这种排放量的快速增长会出现呢？主要原因是经济发展。过去这些国家的经济非常欠发达，但是随着其经济开始迅速增长，其排放量同样增长了。除此之外，以人均论，亚洲大部分地区（以及非洲和拉丁美洲）的二氧化碳排放量仍显著低于美国和欧洲水平。这可以从图5-1中观察到，图5-1展示了2017年前15个二氧化碳排放国的总排放量和人均排放量。中国此时是最大的二氧化碳排放国，总排放量几乎是美国的 2 倍，但是中国的人均二氧化碳排放量大约只有美国的一半。印度的情况与之类似，其总排放量大约是美国的 50%，但是其人均排放量不到美国的 1/8。

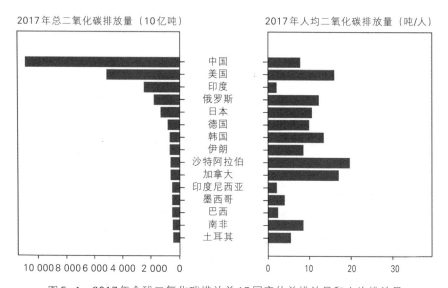

图5-1　2017年全球二氧化碳排放前15国家的总排放量和人均排放量

资料来源：Emissions Database for Global Atmospheric Research（EDGAR），2018 Report。

　　为什么要关注人均排放量呢？因为减排是昂贵的。所以一个相对贫穷且人均排放量远少于美国、欧洲、日本、俄罗斯等其他更富裕国家的国家，如印度会反对被要求大幅度减少其总排放量。印度会辩称（就像它已经做的），它不应该承担类似美国那样的富裕国家的负担。但这会使能够推动所有国家二氧化碳排放量急剧减少的国际协定的达成变得非常困难，而如果我们想要减少全球排放，一项可实行的国际协定是非常重要的。缺少这样的协定，想让全球二氧化碳排放像图2-1中所展示的那样，突然停止上升，转而逐渐降低并在本世纪末降至0是不现实的。

让我们着眼于未来数十年的二氧化碳减排前景。我们将会从前景光明的一边开始——美国和欧盟，它们已经成功显著地减少了排放并很有可能进一步减少（抛开英国脱欧，我仍将英国算入欧盟）。最后，我们将目光转向印度和其他亚洲国家，以及拉美国家等其余地区，其前景同样不是非常乐观。

截至2019年（早于由于新冠大流行造成的排放量进一步减少），美国的二氧化碳排放量已经相较于2007年的峰值减少了14%，而英国及其他欧盟国家则减少了更多。其排放量下降的原因是什么？我们能够期待这一趋势持续下去吗？

5.1.1　美国

美国几乎所有的二氧化碳排放都来自主要的几种能源消耗——燃烧煤炭或天然气来发电，燃烧石油或天然气为家庭和工厂供暖，以及燃烧汽油和航空燃料作交通运输用途。图5-2展示了1975年以来美国能源消耗所产生的二氧化碳排放量。除1979—1982年的下降外，排放量在2007年之前一直稳步上升，在2007年底的金融危机和2008年开始的大衰退之前达到峰值。

为什么在1979—1982年间会出现下降？有3个原因。第一，那是伊朗革命和两伊战争时期，伊朗和伊拉克的石油产量急剧下降，推高石油（以及汽油）价格，从而减少了需求。第二，美国对石油实行价格控制，造成汽油短缺，减少了汽油消费。第三，美国经济在1980年和1982年经历了衰退，推动了能源消耗的减少，从而降低了二氧化碳排放量。

那么，为什么二氧化碳排放量会（以平均每年1.3%的速率）从1983年的44亿吨稳步上升至2007年的60亿吨？主要原因是，美国经济在这24年中稳步增长，兼之缺少能源节约习惯，这推高了能源消耗。但2007年后，由于金融危机和大衰退，排放量开始下降。在大衰退最严重的时期（2008—2010年），能源消耗急剧下降，二氧化碳排放量也是如此。

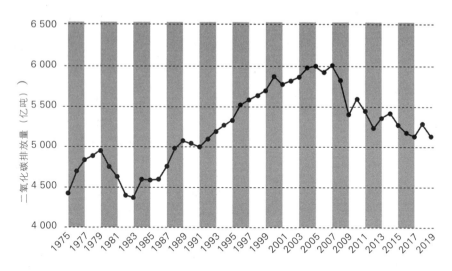

图5-2　美国能源消耗产生的二氧化碳排放量（百万吨每年）

资料来源：U.S. Energy Information Agency，Monthly Energy Review，1975 to 2019。

2010年左右，大萧条基本结束，经济开始复苏。然而，二氧化碳排放量仍以每年约1%的速率继续下降。为什么会发生这种情况？最重要的是，这能否持续？2010年后排放量的下降是多种因素共同造成的，但最主要的是煤炭消耗的下降。要理解这一点，我们必须考虑电力生产和它在二氧化碳排放中所扮演的角色。

图5-3显示了美国二氧化碳排放量的下降是如何由电力部门推动的。请注意，直到2016年，电力部门都是美国最大的二氧化碳排放来源。交通部门（主要是汽车，也包括卡车、公共汽车和航空旅行）在2018年产生的排放与2000年大致相同，但随着来自电力部门的排放量的下降，交通部门成为美国最大的排放来源。2018年来自工业部门、住宅部门和商业部门能源使用的排放量也与2000年大致相同。但电力部门发电产生的二氧化碳年排放量从2006年（约24亿吨）到2018年（约17亿吨）大幅下降。

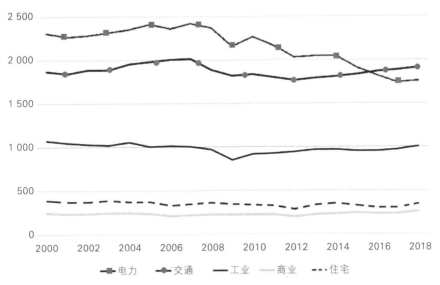

图 5-3　美国各部门与能源相关的二氧化碳排放量（百万吨每年）

资料来源：U.S. Energy Information Agency，Monthly Energy Review，2019。

是什么导致了电力部门的排放量下降？并非美国的电力消耗比 10 年前少，而是发电的方式改变了。在过去，大多数电力是通过燃烧煤炭来实现的，不只产生其他有害排放物（颗粒物、二氧化硫和氮氧化物），更会产生大量二氧化碳——每生产 1BTU 的能量，烧煤排放的二氧化碳是燃烧天然气的约 2 倍。从 2008 年左右开始，美国迅速从煤炭转向天然气，降低了电力生产的单位碳排放。这种转变可以从图 5-4 中看出，该图显示了按燃料类型划分的电力生产的二氧化碳排放量。

为什么电力生产会从煤炭转向天然气？在某种程度上，这种转变是由环境法规驱动的，特别是奥巴马政府在 2015 年 8 月宣布的清洁电力计划（Clean Power Plan，于 2017 年被特朗普政府推翻）。该计划对电力生产的二氧化碳排放量施加限制（尽管这些限制在 2022 年才开始，但电力公司不得不更早地采取行动，以应对新的政策激励）。此外，许多州也对发电厂的二氧化碳排放施行了自己的法规，以促使它们放弃煤炭，转向天然气和可再生能源，如太阳能和风能。

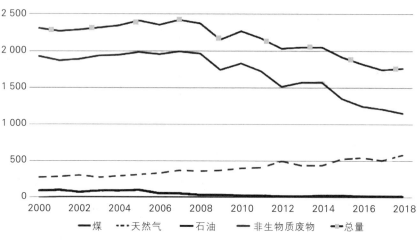

图 5-4　美国各燃料发电产生的二氧化碳排放量（百万吨每年）

资料来源：U.S. Energy Information Agency，Monthly Energy Review，2019。

　　清洁电力计划和相关法规虽然有一定效果，但实际上对煤炭使用的影响非常有限。转变的主要原因是天然气价格的下降（由于天然气必须通过管道运输，而美国不同地方的天然气价格差异很大，所以我们考虑全国的平均价格），美国用于发电的天然气的平均价格在 1995—2005 年间上涨，最高时接近每百万英热单位 8 美元（8 美元/MMBtu）[①]。随后价格稳步下降，在 2012 年达到每百万英热单位约 3.42 美元，在 2019 年降至不到 3 美元。

　　天然气价格的下降主要是由水力压裂技术在美国的出现和快速发展推动的，这使得天然气变得充足而廉价——但是按单位英热单位计算并不比煤便宜。在 2019—2020 年，用于发电的天然气和煤炭的平均价格，都在每百万英热单位 2～3 美元。但这种表面上的价格相等实际上使天然气成为了更经济的燃料。这是因为煤炭含有很多杂质。除了二氧化碳的排放，

---

　　①　为了对燃料价格进行有意义的比较，我们一般使用燃烧燃料所产生的单位能量的美元价格，通常为每百万英热单位（每 MMBtu）的美元价格。1 000 立方英尺（1 mcf）天然气的所蕴含的能量大约为 1 MMBtu。

燃煤还会产生颗粒物（大气中的颗粒物由酸、有机化学品和尘土组成）、二氧化硫（SO_2）和氮氧化物（主要包括一氧化氮 NO 和二氧化氮 NO_2）。这些排放物都会远距离传播，且会对健康造成显著伤害。因此，它们在联邦层面（通过《清洁空气法案》）和州层面都受到监管。如果选择燃烧煤炭，发电厂必须安装昂贵的尾气处理装置以防止大部分的这些排放物进入大气，或是燃烧更昂贵的低硫煤。燃煤发电厂较高的资本投入和运营成本使得燃烧天然气成为新建发电厂更经济的选择，就算天然气的价格比煤的价格稍高一些也是如此。

总而言之，自 2007 年以来，美国的二氧化碳排放量持续下降，这主要是由电力生产从燃煤转向燃烧其他燃料所驱动的。但是，在未来的几十年里，美国的排放量将发生什么变化？如果美国征收严格的碳税并沿着"绿色新政"的思路采取其他政策，排放量的降低趋势能否维持，甚至加速前进？我们所能期待的最好情形是怎样的呢？

一项严格的碳税——每吨二氧化碳 100 美元左右——将对排放产生最大的影响。它会使汽油的价格每加仑上升 1.00 美元左右，到达 1.50 美元/加仑，提高对更节油的汽车的需求，从而在长期（5 ~ 8 年后）减少 20% ~ 30% 的汽油消费。通过提高煤炭和天然气的价格，碳税将加速太阳能和风能在电力生产中的使用，也将减少电力消耗。而且，它将大大减少石油和天然气的工业消耗。

碳税是有效、高效、简单的——而且是极不受欢迎的，至少在美国如此。也许它在未来会变得更受欢迎，或者至少在政治上是可行的。但至少在未来几年内，我们不可能看到这种情况。相反，气候政策更有可能由对能源使用的直接或间接规定组成。一个例子是企业平均燃油经济性（CAFE）标准，该标准规定了一个汽油里程标准（如每加仑 35 英里），即所有汽车制造商出厂的汽车和轻型卡车都需满足每加仑汽油能够行驶 35 英里的油耗标准。另一个例子是一项强迫电力生产商使用更多可再生能源而非化石燃料的规定。气候政策也可能包括补贴，既包括对使用"绿色"能源（主要是太阳能和风能）的补贴，也包括对研发那些能够削减化石燃料使用的新技术的补贴。

这些政策肯定有助于减少二氧化碳的排放（尽管研发补贴的影响非常不确定且会花上许多年）。但是，仅靠这些政策不大可能在2050年达成消除化石燃料使用的目标。问题在于气候政策具有高度的政治特性。例如，在2019年1月10日，所有的美国国会议员都收到了1封支持"绿色新政"的公开信。这封公开信由626个组织签署，呼吁政府采取如"禁止原油出口、终止化石燃料补贴和化石燃料租赁，以及在2040年前逐步淘汰所有汽油驱动的车辆"等措施。但公开信中说其签署者也会"大力反对……市场主导型的机制和技术选择，如碳交易、碳抵消、碳捕集和封存、核电、垃圾焚烧发电以及生物质能源。"以这种方式束缚我们的手脚是一种自然的政治结果，却也大大降低了美国在21世纪中叶将二氧化碳排放量减少到接近0的可能性。

5.1.2　英国与欧盟

截至2020年，英国和欧盟在减排方面取得的进展要比美国大得多，而且大部分成果都是政策驱动的。首先来看英国，截至2019年，英国的二氧化碳排放量较其1990年的水平减少了约45%，降幅超过了大多数其他国家。

1.英国

英国2008年的《气候变化法案》（CCA）设定了到2050年减排80%（相对于1990年水平）的目标。这是一个充满雄心壮志的目标，但在2019年6月，英国议会认为这还不够，并将目标修订为到2050年实现净零排放。尽管英国已经取得了相当大进展，但当前连是否能够实现早先提出的减排80%的目标都不明朗，更不用说净零排放的目标了（每个目标都应该具有法律约束力，但目前还不清楚如果目标无法实现会发生什么。会有政治家为此坐牢吗？也许不会，让我们拭目以待）。

与大多数国家一样，英国迄今为止实现的减排几乎完全是在电力生产方面，在1990年，英国的电力生产严重依赖煤炭，约占总排放量的40%。对煤炭的逐步淘汰和可再生能源的使用增加促成了电力生产领域的减排。但是问题在于，目前煤炭发电在英国电力生产中所占的比例已经很低，通过减少煤炭使用来继续减排的空间非常有限（截至2020年，英国仅有4家燃煤电厂在运营，其中1家将于2021年停止使用，另外3家则将在一两年后停止使用）。因此，进一步的减排必须依靠英国经济的其他部门，如运输、家庭供暖和工业生产。但遗憾的是，这些其他部门的排放量几乎没有减少，也不清楚哪个部门能够大幅减少排放量。这就是英国甚至难以达成减排80%的目标的原因。

在电力生产领域取得进展后，英国的政策重点将转向交通运输。交通运输部门是目前排放量最大的部门。2020年初，英国政府宣布，2035年将禁止销售新的汽油动力汽车（包括柴油动力汽车和混合动力汽车）。如果该禁令得到执行，到2040年，英国的大多数汽车都将是电动汽车，而且如果大多数电力是使用可再生能源生产的话，这将减少10%甚至15%的排放量。但执行汽油车禁令并非易事，电动汽车需要充电站，而在英国大多数城市的蜿蜒曲折的街道上很难安装它们。减少天然气消耗也很困难，英国约85%的家庭使用天然气供暖，因为其效率高于电力供暖，电网的限制更使得这些家庭中有很大一部分不可能改用电力进行供暖。

总结而言，英国有可能继续减少温室气体排放，但不太可能实现2050年达成净零排放（甚至减排80%）的目标。当然，不太可能不等于完全不可能，许多英国人对实现净零排放的目标仍然抱有希望。

2.欧盟

现在来看欧盟。尽管比不上英国，欧盟的排放量也有显著减少。1990—2018年，欧盟的温室气体排放总量下降了21%。这使欧盟在实现2030年目标——相较1990年减排40%——的道路上前进了一半。这一减排40%的目标是由欧洲理事会于2014年10月制定的。尽管实现减排40%目标的可能性看上去越来越小了，但欧盟委员会在2020年提出了"欧洲绿色协议"，设定了更严格的目标——它将2030年的目标提高到减排55%，并设定了2050年达成净零排放的目标，这与英国2050年的目标一致。

但问题还是在于最终能否达成目标。如果欧盟没能实现2030年的目标会发生什么？除了承诺尽快实现减排40%乃至更严格的目标之外，最可能的是什么也不会发生。这里有两个问题。首先，减排40%是非常困难的，是减排 20% 难度的两倍不止。其次，就能源使用情况和已采取的、能采取的减排措施而言，欧盟各国之间存在很大差异。一些欧盟国家达成40% 的减排目标会相对容易，但对其他国家来说则会困难很多。

图 5-5 阐释了这种异质性，该图展示了 2005—2019 年期间，欧盟的 4个国家和英国的二氧化碳排放量。就总排放量而言，在这一时期，德国的二氧化碳排放量平均约为 7.5 亿吨，是最多的，而法国约为 3.5 亿吨。按人均计算，德国人均排放量为 9.0 吨（2020 年德国人口为 8 300 万），法国人均排放量为 5.2 吨（人口为 6 700 万），意大利为 5.8 吨每人，波兰为 7.9 吨每人，英国为 7.1 吨每人。德国的人均二氧化碳排放量高于大多数其他欧盟国家，因为他们人均消耗更多的能源，主要用于运输，但也用于发电。这些能源的相当部分来自煤炭（2019 年德国的煤炭消费量排名全球第 4）。

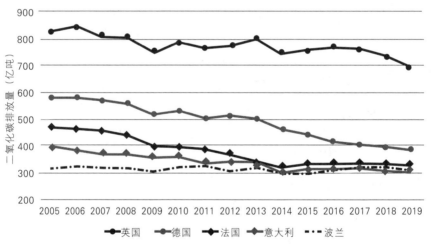

图 5-5　2015—2019 年英德法意波的二氧化碳排放量（百万吨）

资料来源：BP Statistical 2020。

2005 年，德国约 30% 的电力来自 17 座运行中的核电站。但由于公众对核电的强烈反对，德国政府于 2011 年决定取消核电。截至 2019 年，17座核电站中已有 10 座关闭，也没有任何新建核电站的计划，核电仅占德国发电量的 11%，这使得德国更难降低其对煤炭的依赖（德国在 2020 年 1

月宣布，将斥资445亿美元彻底消除煤炭的使用，但这要等到2038年）。另一方面，德国向可再生能源（主要是风能，也包括太阳能和生物质能）的转型取得了重大进展，截至2019年，德国可再生能源的发电量约占其总量的40%。

欧盟各成员国在减少二氧化碳排放方面的进展（或缺少进展）同样存在异质性。从图5-5中可以看出，波兰在这期间没有取得任何进展，2019年的排放量与2005年几乎完全相同；德国的排放量减少了约16%；法国减少了约24%；意大利和英国的排放量减少了约33%。一些国家将能够实现欧盟到2030年减排40%的目标，但有些国家（当然，其中包括波兰，该国目前仍严重依赖煤炭，而鉴于德国放弃了核能，德国也可能处在这一行列）将无法实现这一目标。

5.1.3　中国

2020年，中国的二氧化碳排放量在全球排放量的占比接近30%，约为美国的2倍（中国大约100亿吨，美国约为55亿吨）。而在2018—2019年期间，尽管世界其他国家的排放量维持在同一水平，中国的二氧化碳排放量仍在增长（约2.5%）。

那么，中国大幅减排的难度有多大？而我们应该期待什么（不考虑新冠疫情大流行）？在2020年9月的联合国大会一般性辩论上，中国领导人作出承诺：到2030年，中国的二氧化碳排放量力争达到峰值，到2060年，努力实现碳中和。这一承诺既引人瞩目又令人鼓舞，中国有减排的空间，而且大体上减排必须与国际气候协议的目标相一致，但要做到这一点并不容易。

难点有哪些？首先，按人均计算，中国的二氧化碳排放量不到美国的一半（中国人均7.1吨，而美国为人均16.6吨）。因此，中国（以及其他人均排放量低的国家，如印度）自然会反对大幅削减其总排放量。这些国家会争辩说，它们不应该承担与美国等富裕国家相似的减排负担。

其次，中国对煤炭的严重依赖并不容易扭转。即使撇开气候变化不谈，中国也有意愿减少煤炭消费，其主要动力是减少严重的空气污染（主要是颗粒物），这困扰着中国的许多城市。但中国的经济增长同时意味着电力需求的大幅增长，而煤炭发电是最廉价的发电方式。在过去几年中，中国的发电能力每年增长约6%，而2019年约60%的电力是通过燃煤生产的。在中国，许多新的燃煤发电厂正在建设中，还有更多的处在规划阶段。

最后，中国仍然是世界上增长最快的经济体之一。依汇率将人民币换算成美元，2020年中国的GDP约为14万亿美元，而美国为21万亿美元。但通过汇率换算并不是比较经济体最有参考价值的方法，经济学家通常使用购买力平价（PPP）指数来代替①。使用购买力平价指数而不是汇率来换算，中国2020年的GDP约为27万亿美元，超过了美国的GDP。中国拥有世界上最大的GDP（按购买力平价计算）和高速的经济增长，如果没有重大的政策转变，中国的二氧化碳排放量至少在2030年前将继续增长。②

经过贸易调整后的排放量

在讨论世界其他国家之前，值得注意的是，二氧化碳排放量的数字可以根据国际贸易的情况进行调整。二氧化碳排放量通常以地域原则进行衡量，即地理意义的国家边界内的排放量——即使部分排放量来自于该国出口商品的生产。因此，排放量是"基于生产"的。然而，统计学家也计算"基于消费"的排放量，这根据贸易情况进行调整得到。

为了计算"基于消费"的排放量，我们跟踪了全球的商品贸易，对于一国进口的商品，我们计入生产该商品所排放的二氧化碳，出口的商品则减去生产该出口商品所排放的二氧化碳。例如，假设中国有10亿吨的二氧化碳排放量来自生产的消费类电子产品，这些产品被出口到美国并在美国被消费，那么中国"基于消费"的排放量就要减少10亿吨（相较于"基于生产"的排放量），同时美国"基于消费"的排放量要增加10亿吨（当然，总排放量保持不变，我们只是重新分配了这些排放量的来源）。

为什么这很重要？因为要达成一项国际协议，各国会就其减排量进行谈判，每个国家都希望其他国家承担更多的减排负担。如果一个国家"基

---

① 汇率是由贸易品流动和资本流动决定的，但人们消费的很多东西不是可贸易商品（如住房、交通和食品），人们也不会（直接）消费资本。与汇率不同，购买力平价（PPP）指数允许我们根据两国人民的实际消费情况将一国货币换算成另一国货币。

② 预测是推测性的，预测结果也各不相同，但请参见：https://climateactiontracker.org/countries/china。

于消费"的二氧化碳排放量低于"基于生产"的排放量，那么这个国家就可以争辩说，它不应该减少这么多的排放量，因为其他（"基于消费"的排放量更高的）国家正从它的生产中受益。美国和中国就是这种情况。

图5-6显示了中国和美国"基于消费"和"基于生产"的二氧化碳排放量。中国相当部分的产品出口了，而美国一直是净进口国。因此，你可以预料到，中国"基于消费"的二氧化碳排放量比"基于生产"的排放量低近20%，而美国"基于消费"的排放量高出"基于生产"的排放量10%～15%。中国排放量的很大一部分实际上是为了美国消费者（以及其他进口中国商品的国家）的福利而产生的。

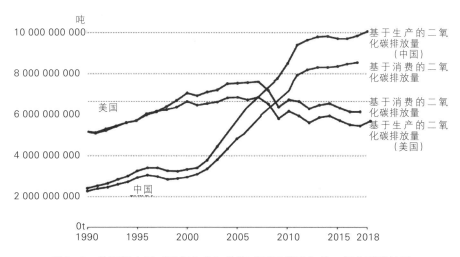

图5-6　美国和中国"基于生产"的和"基于消费"的二氧化碳排放量

资料来源：www.globalcarbonproject.org，and see the discussion in Peters，Davis and Andrew（2012）。

5.1.4　全球概况

中国并不是唯一一个二氧化碳排放量巨大且不断增长的国家。如图1-2所示，除欧盟、英国和美国外，世界其他国家的排放量一直在稳步增长。对于许多国家来说，扭转这种增长的难度与中国相同——它们的经济正在增长，在各国政府眼中，确保经济持续增长和减少贫困的政策优先级高于减少温室气体排放。

印度就是很好的例子。2018年，印度的二氧化碳总排放量约为27亿吨，但人均排放量仅约为2吨，是美国人均排放量的1/8。印度的经济正在快速增长，因此除非其碳强度大幅下降（通过降低能源强度或提高能源效率），否则其二氧化碳排放量很可能会增加，至少在未来10年是这样的。尽管这些国家的总排放量较低，但对于印度尼西亚、马来西亚、菲律宾、巴基斯坦等其他亚洲国家来说，情况是类似的。对所有这些国家（以及拉丁美洲国家和非洲国家）而言，减排需要降低碳强度[①]。虽然我们可以预期碳强度会有所降低，但除非经济增长大幅放缓（一个令人不快的前景），否则排放量很可能会继续上升。

经济增长与二氧化碳排放之间的关系在不同国家之间存在很大差异。GDP增长通常会导致更多的能源消耗，这意味着更多的二氧化碳排放。因此，我们预计人均二氧化碳排放量会随着人均GDP的增长而增加，事实也确实如此。图5-7是一大批国家的人均二氧化碳排放量（以吨计）与人均GDP（以2011年美元计）的对比图（数据是2016年的，每个国家都用圆圈表示，面积与该国的总二氧化碳排放量成正比）。正如本书所预期的那样，那些人均GDP更高的国家往往人均排放量也更高。

但请注意，人均二氧化碳排放量与人均GDP之间的关系并非完全线性相关。图5-7中还有1条通过该数据拟合得到的直线。如果人均二氧化碳排放量和人均GDP之间的关系是精确的，那么所有的圆都会位于这条直线上。但事实并非如此。例如，中国的人均排放量为7.1吨，是人均GDP所预测水平（约3吨）的2倍有余。中东国家（如沙特阿拉伯和科威特）也明显处于拟合线上方。而英国和大多数欧盟国家的人均排放量远低于人均GDP所预测的水平。例如，瑞士的人均二氧化碳排放量为5吨，而人均GDP所预测的水平为15吨。

---

① 如果你忘记了碳强度、能源强度和碳效率的含义，请回顾前面3.3节，在那里我解释过这些概念。

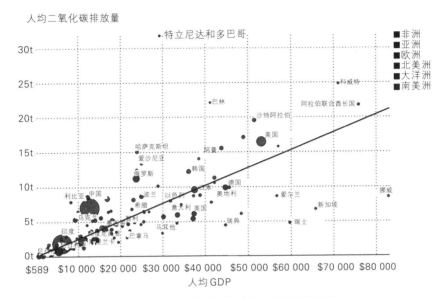

图5-7 人均二氧化碳排放量对比人均GDP

注：1）人均二氧化碳排放量（纵轴）单位为吨，人均国内生产总值（横轴）单位是2011年（通货膨胀调整后）美元。

2）该图采用2016年的数据，每个国家用圆圈表示，圆圈的面积与该国家总二氧化碳排放量成比例。

3）直线是该数据的拟合线。

资料来源：Global Carbon Project，ourworldindata.org；拟合线为作者所添加。

　　图5-7显示，各国的二氧化碳排放量并不完全受制于其经济产出或经济增速，碳强度是可以降低的。通过政策（或价格激励）提高汽车燃油效率，或提高供暖、制冷和冷藏的效率，可以降低能源强度。同样的，在提高能源效率方面也存在空间，即减少每千兆（quad）英热单位能量的二氧化碳排放量。而问题在于碳强度的降低是否足够广泛且足够迅速，从而使全球排放量开始下降，并继续下降至0。如果不能，我们就不能够指望2摄氏度的升温上限。

新冠病毒感染能挽救我们吗？

　　2020年，二氧化碳排放量大幅下降。这并不令人意外——新型冠状病毒（COVID-19）大流行使人们无法外出旅行、参加体育和文化活动，在许多情况下甚至无法上班。其结果是能源消耗大幅下降，尤其是汽油和航空燃料，二氧化碳排放量也相应下降。

但排放量的下降只是暂时的。随着新冠肺炎疫情开始得到控制，生活逐渐开始恢复正常，排放量同样开始恢复"正常"，这意味着高排放量且排放量随着时间的推移而增长。事实上，2020年的数据充分说明了这一点。图5-8是奎尔（Le Quéré）等（2020）绘制的图表的更新版本（由全球碳项目和联合国环境规划署（2020）绘制），显示了2020年全球不同地区每个月的二氧化碳排放量。

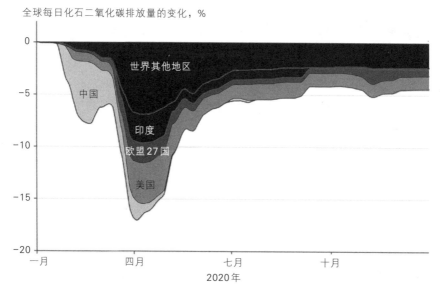

图 5-8　新型冠状病毒（COVID-19）大流行时期的二氧化碳排放量

注：该图分地区展示了2020年全球的月二氧化碳排放量。

资料来源：Le Quéré et al.（2020），United Nations Environment Programme（2020），和 Global Carbon Project。

请注意，在2020年3—5月期间，排放量有一个剧烈的下降，这是因为各国实施了封城及相关措施，以阻止人们出行甚至聚集。从6月到年末，限制措施仍在实施，但排放量有所增加。到9月，排放量仅比前新冠疫情时期的1月的水平低约5%。根据国际能源署的数据[1]，到2020年12月，全球排放量就超过了2019年的水平。

新冠肺炎疫情大流行能挽救我们吗？大流行是个极其令人不适（且昂贵）的解决方案，而且它也只能暂时性地减少排放。从长远来看，这完全无济于事。

5.2　二氧化碳、甲烷和气温变化

假如全球二氧化碳排放量稳步下降，到本世纪末，全球平均气温的增长会保持在2摄氏度吗？在第3章里我们讨论过的关于气候变化的诸多不确定性面前，我们不知道这个问题的答案，但我们可以探求可能性。我们将通过一个简单的模型来进行该研究。此模型将二氧化碳排放量和大气中二氧化碳浓度的变化以及后者与气温变化联系起来。我们在第2章里用了一个甚至更简单的模型来做这件事。现在我们将考虑得更复杂（且现实），加入二氧化碳浓度变化和气温变化之间的滞后。我会从第2章中的最优二氧化碳排放轨迹着手。

5.2.1　二氧化碳排放的变暖效应

我们需要确定由二氧化碳排放导致的大气内二氧化碳浓度变化以估计二氧化碳排放的特定路径的影响。从1960年的实际浓度开始，在接下来的每一年（在把排放单位10亿吨转化成浓度单位百万分之几之后）都加上该年由排放引起的浓度增长的百分比，再减去消耗的数量（以每年0.35%的速率）[2]。已知大气二氧化碳浓度的演变路径，我们确定了二氧化碳浓度每年百分比的变化对温度的影响。但与第2章中的计算不同的是，我们考虑了二氧化碳浓度增加对温度产生影响所需的时间。对于该滞

---

① 见https：//www.iea.org/articles/global-energy-review-co2-emissions-in-2020。

② 例如，1961年全球CO_2的排放量为90亿吨，这使已在大气里的CO_2含量增加了百万分之（9 × 0.128 =）1.15。1961年的消耗量为百万分之（0.0035 × 315 =）1.10，净增长为百万分之（1.15 - 1.10 =）0.05，因而该年的浓度为百万分之（3.15 + 0.05 =）315.05。1962年的排放量为94亿吨，增量为百万分之（9.4 × 0.128 =）1.20，消耗量为百万分之（0.0035 × 315.05 =）1.10，可得1962年的二氧化碳浓度为百万分之（315.05 - 1.10 + 1.20 =）315.15。1963年、1964年以及之后年份的浓度也是以这种方式计算。

后时间的估计存在一定的不确定性，但使用一个合理的基准值是可能的，在这里我使用的是30年[①]。

请记住，气候敏感度指大气二氧化碳浓度翻倍，直至（在约30年或更长时间后）全球平均温度升高。正如第3.4.1节中所阐释的，气候敏感度的真实数值存在不确定性。根据2021年的IPCC报告，对该值的"最佳估计"是3.0摄氏度：这是在进行温度变化预测时常使用的数字。我将使用3.0摄氏度的数值，同时考察气候敏感度处于较低或较高值时的影响。为了计算温度变化，我们将每年的二氧化碳浓度百分比增加值乘以3.0，以确定其对温度的长期总影响，即在30年后的影响。我们允许这种影响在30年内逐渐累积：1年后的影响程度占到总影响的1/30，两年后则占2/30，依此类推。这些计算的详细说明见在本章附录。

到目前为止，我们仅限于讨论二氧化碳浓度升高对温度的影响，但我还想将甲烷排放的影响引入讨论。在后文解释完甲烷的来源后，我将讨论如何将其引入，并讨论甲烷的排放量及其浓度变化如何影响温度。

5.2.2 甲烷排放

图5-9显示了过去几十年人为（由人类产生的）甲烷排放量以及大气甲烷浓度的情况，这些数据由美国国家海洋和大气管理局（NOAA）测得。为了便于将二氧化碳排放量和其浓度进行比较，该图中的甲烷排放量以每年的10亿吨为单位（左侧纵轴）表示，而浓度以百万分之几的形式表示（右侧纵轴）。[②]请记住，人为甲烷排放量仅占总甲烷排放量的约60%；甲烷还会从湿地、海洋、永久冻土等来源中自然排出。

请回顾一下，最近全球二氧化碳排放量约为370亿吨。正如图5-9所示，这约是甲烷排放量的1 000倍。同样，二氧化碳浓度超过4×10^{-2}%，是甲烷浓度的200多倍。这些数字可能暗示甲烷在驱动气候变化方面并不重要。但1吨甲烷带来的温室效应大约是1吨二氧化碳的28倍，并且在过去20年里，甲烷排放量有显著增长。因此，我们有必要考虑甲烷对温度的影响。

---

① 例如齐克菲尔德和赫灵顿（Zickfeld 和 Herrington）（2015）。
② 甲烷排放量通常以兆吨（Mt）为单位表示，而甲烷浓度通常以ppb为单位表示。

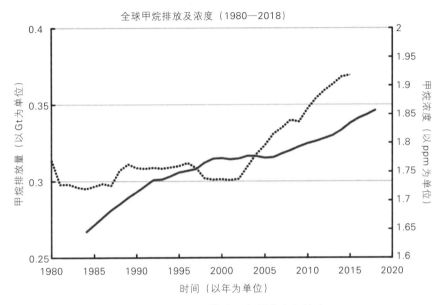

图 5-9　全球甲烷排放量和甲烷大气浓度

注：排放量以 10 亿吨（Gt）每年为单位衡量，浓度以 ppm（百万分率）为单位表示。

资料来源：National Oceanic and Atmospheric Administration（NOAA）。

从图 5-9 可以看出，1980—2003 年间，甲烷排放量相对稳定，而在接下来的 10~15 年内则增加了 20% 以上。导致此种增加最重要的因素是石油和天然气开采中的泄漏在增加，尤其是通过使用水力压裂技术（通常称为压裂）①从页岩中开采石油和天然气。甲烷浓度在这段时间内缓慢而稳定地增加，累计增长量约为 1984—2020 年的 15%。

上述甲烷排放量和浓度变化对温度变化意味着什么？在未来几十年中，甲烷排放量的持续增长将如何影响温度？我们需要一种将甲烷排放量与温度相关联的方法来回答这些问题。难道我们不能简单地将大气甲烷浓度乘以 28（以考虑其较大的温室效应），然后应用与二氧化碳浓度相同的估计方法吗？不能，因为与二氧化碳不同，甲烷在大气中只能保留约

---

① Alvarez 等（2018）指出，仅通过压裂技术引起的泄漏就可以解释大部分或全部排放增加。但是，Schaefer（2019）将排放增加的相当部分归因于其他来源，如农业。

10年。

　　气候学家提出了许多不同的方法来估计甲烷对温度的影响。理想情况下，我们希望将一定数量的甲烷转换为"等效"数量的二氧化碳，但问题仍在于甲烷的快速消散速率。在接下来的内容中，我将使用 Cain 等（2019）提出的一种方法：将甲烷的数量转换为"等效"的二氧化碳数量，且所得结果与过去50年的数据相当吻合。该方法基于 Allen 等（2016）的早期工作，并在 Lynch 等（2020）的论文中也进行了讨论。下面将对该方法进行解释。

5.2.3　甲烷排放的温室效应

　　首先，我们需要澄清1吨甲烷的温室效应是二氧化碳的28倍这个说法。数字28被称为甲烷的全球增温潜势（GWP），它用于回答以下问题：假设今天我们向大气中添加1吨二氧化碳和1吨甲烷，接下来的100年会发生什么？两者都会导致温度上升，但（在这100年中）甲烷所引起的温度上升将是二氧化碳的28倍。

　　请注意，我们可以通过比较额外1吨甲烷和额外1吨二氧化碳在50年或200年时期内的温室效应来衡量甲烷的全球变暖潜势。因此，我们有时将该词写作 GWP_H，其中 H 指时间范围。但 GWP 的时间范围通常默认为100年，所以我们一般省略 H（而不是写成 GWP_{100}）。综上，我们称甲烷的 GWP 为28。

　　当然，在100年结束时，几乎所有甲烷都将从大气中消散，而大部分二氧化碳仍会存在。1吨二氧化碳的大部分温室效应会在这100年内逐渐发生，但1吨甲烷的温室效应发生在早期，即在甲烷消散前的10～20年内。事实上，如果我们使用20年的时间范围来衡量甲烷的 GWP，它将更高：约为85。原因是在这20年内，1吨二氧化碳的温室效应刚刚开始，而1吨甲烷的温室效应接近完成。

　　现在，我们清楚了甲烷的全球变暖潜势的含义，让我们转向 Cain 等（2019）提出的评估甲烷持续排放影响的方法。这种方法可以应用于任何短期气候污染物（SLCP），但我们只关注最重要的甲烷。该方法首先使用 GWP 将某个时间段内的甲烷排放量（记为 Δt）转换为"等效"的二氧化碳排放量（$CO_2 - we$）。它考虑了时间段内甲烷排放量的变化和总排放量。假设 GWP 时间范围（GWP_H 中的 H）为 100 年，即 GWP = 28，该方法给出了以下公式，表示时间段 Δt 内"等效"的二氧化碳排放总量：[①]

$$E_{CO_2we} = 28 \times \left(r \times \Delta E_M \times 100 + s \times E_M \right) \tag{5-1}$$

这里 ΔE_M 是时间段 Δt 内甲烷排放的变化量，E_M 是该时间段内的总甲烷排放量。（要获得该时期内的年均"等效"二氧化碳排放量，只需将 E_{CO_2we} 除以时间段 Δt）参数 r 和 s 表示排放量变化与排放水平的相对重要性。Cain 等（2019）通过线性回归来估计这些参数，并发现最佳拟合值为 r=0.75 和 s=0.25。

让我们使用这个方程将 1980—2015 年 35 年期间的全球甲烷排放量转换为"等效"的二氧化碳排放量。2015 年的甲烷排放量约为 3.7 亿吨，1980 年约为 3.2 亿吨，因此变化量为 $\Delta E_M = 0.05Gt$，该时期的总排放量约为 121 亿吨。然后使用公式（5-1），35 年内的总"等效"二氧化碳排放量为：

$$E_{CO_2we} = 28 \times (0.75 \times 0.05 \times 100 + 0.25 \times 12.1) = 189.7 \tag{5-2}$$

即（$\dfrac{189.7 \times 10}{35} =$ ）54 亿吨 每年。作为对比，该时期的二氧化碳排放量平均约为 270 亿吨每年，因此以温室气体的"等效"体积计算，甲烷的贡献约为（$\dfrac{5.4\%}{27\% + 5.4\%} = \dfrac{5.4}{32.4}\% =$ ）17%。这 17% 的甲烷贡献是显著的，因此在进行温度变化预测时我们将考虑它。

图 5-10 显示历史甲烷排放量（右侧标度）和相应的"等效"二氧化碳排放量（E_{CO_2we}，左侧标度）。E_{CO_2we} 排放量是使用以 10 年时间为区间长度的移动平均方法计算的（公式（5-1）中的 Δt）。（例如，1980 年的 E_{CO_2we} 值是使用 1971—1980 年期间的甲烷排放数据计算的）"等效"二氧化碳排放量强烈依赖于甲烷排放的变化和水平，因此其波动较大，有时甚至会为

---

①　更普遍地说，对于任何短寿命气候污染物，例如一氧化二氮以及任何 GWP_H，公式为：$E_{CO_2we} = 28GWP_H \times \left(r \times \dfrac{\Delta E_{SLCP}}{\Delta t} \times H + s \times E_{SLCP} \right)$，其中 E_{SLCP} 是特定短期气候污染物的排放量，而 GWP_H 是在时间范围 H 内该污染物的全球增温潜势。

负值（如在1986—1988年期间）。

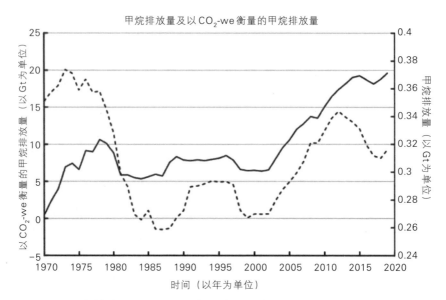

图5-10　甲烷排放量和以CO_2-we衡量的甲烷排放量，以每年的10亿吨为单位。

注：使用公式（5-1）和以10年时间为区间长度的移动平均方法，将甲烷排放量（右侧纵轴）转换为CO_2-we排放量（左侧纵轴）。

还剩一个步骤：确定"等效"二氧化碳排放量对温度变化的作用。我使用了一个粗略的线性关系：由于二氧化碳排放量不断累积，导致温度变化与累积二氧化碳排放量之间存在近似线性关系。此种关系对温度的影响被称为"累积碳排放的瞬变气候响应"（TCRE），用公式可写成 $TCRE \approx \dfrac{\Delta T}{E_T}$。其中$\Delta T$是温度变化，$E_T$是在时间段$T$内的累积碳排放量。虽然这种关系最初是在排放二氧化碳的背景下确定和应用的，但也可以用于测量来自甲烷的"等效"二氧化碳排放。[①]

[①]　Cline（2020）详细解释了这种巧合的线性关系。关于TCRE比率的测试和估计可以在Gillett等（2013）、Matthews等（2009）和Matthews等（2018）的研究中找到。

　　许多研究已经估计了 TCRE 的比值，库努提、鲁根斯坦和海格尔（Knutti，Rugenstein 和 Hegerl）（2017）对其进行了总结。该比值范围约为 1.0 ~ 2.0，最佳估计为 1.6 摄氏度每 10 000 亿吨碳。但这个数字是基于以碳为单位测量的累积排放量 ET，而非二氧化碳。因此以二氧化碳的形式表达，我们必须除以 3.66（二氧化碳量与碳量之比），得到 0.44 摄氏度每 $1\,000E_{CO_2we}$。[①] 由于这种方法基于累积排放量，我们可以将每年的"等效"二氧化碳排放量（以 10 亿吨为单位）乘以（$\frac{0.44}{1\,000}$ =）0.00044 以确定甲烷对温度的影响，加以累积，最后得到温度变化（例如，在 2015 年，"等效"二氧化碳排放量约为 100 亿吨，意味着温度的增加为 10 × 0.00044 = 0.0044 摄氏度），这就给出了甲烷在温度变化中的贡献。

　　我们还需关注，甲烷增加除对温度的负面影响之外还可能有其他有害影响。例如，通过影响空气质量，它可能对人体健康造成伤害并降低农业和林业的生产力。这些影响难以测量和量化，但它们会减弱甲烷排放的益处。[②]

5.3　温度变化情景

　　接下来，我将研究未来二氧化碳排放和甲烷排放的几种情景，以及这些情景对温度变化的影响。气候变化不仅涉及气温，且变暖是导致海平面上升、飓风更加频繁强烈等气候变化的主要因素。所以温度变化是气候变化很好的代理指标。

　　第一个情景是在第 2 章提到的，二氧化碳从 2020—2100 年实现零排放。现在我调整一下这个情景，把人类的甲烷排放也假设为到 2100 年实

---

　　① 将大约 30 项研究在 2001—2016 年期间得到的直方图拟合为正态分布，得到均值 1.6，标准差 0.39。将 1.6 除以 3.66 得到 TCRE 为 0.44 摄氏度每 10 000 亿吨 CO_2，或 0.00044 摄氏度每 10 亿吨 CO_2。
　　② 据称，在考虑这些效应以及甲烷的温室效应后，辛德尔、福格莱斯特和柯林斯（Shindell，Fuglestvedt 和 Collins，2017）计算出了甲烷的社会成本（SCM）。他们得出的 SCM 约为每吨 3 000 美元。

现零排放。对于每一个情景，我分别计算出二氧化碳和甲烷的变暖效应，然后把它们加总起来得到这两种气体的总体温度影响。我忽略了一氧化二氮和其他"短命"的温室气体，这些气体的影响普遍认为很小。但是如果这些气体的变暖效应不是微小的，那么计算结果就是保守的，因为它们会低估我们所预期的温度涨幅。

如第5.2.1节所解释并且在本章附录中详细讨论的，为计算二氧化碳排放的气温影响，我首先确定了这些排放带来的大气二氧化碳浓度变化，然后根据浓度年际变化确定了气温的影响，以阐释浓度年际变化和气温变化之间大约30年的滞后效应。为捕捉甲烷排放的气温影响，我用公式（5-1）把这些排放量转化为升温当量的二氧化碳排放量（单位：10亿吨），然后乘以0.00044。

大多数情况下，我把气候敏感度的值设为3.0来计算气温变化轨迹。3.0在气候变化模拟中被广泛使用，被联合国政府间气候变化专门委员会（Intergovernmental Panel on Climate Change，IPCC）认为是对气候敏感度的"最佳估计"。但正如在第3章谈到的，我们不知道气候敏感度的真实值，所以如果气候敏感度高于或者低于3.0，知道未来几十年的气温变化会导致什么是很重要的。因此，我们还会设置1.5和4.5作为气候敏感度的值来计算气温变化轨迹。

我将考虑全球二氧化碳排放的3种不同情景和全球甲烷排放的两种情景，这些情景依次从乐观到非常乐观。二氧化碳排放情景如图5-11左边展示，具体情况如下：

情景1. 从2020年起，二氧化碳年排放量从370亿吨逐渐减少到2100年的零排放（如第2章的图2-1）；

情景2. 只需要40年就可以将全球二氧化碳排放量降为0：从2020年起，二氧化碳年排放量在2060年降为0，并且之后保持零排放；

情景3. 还是只需要40年就可以实现二氧化碳零排放，但是会延迟10年开始下降。在这个情景下，从2020—2030年，年排放量保持在370亿吨，然后在2070年降到0。

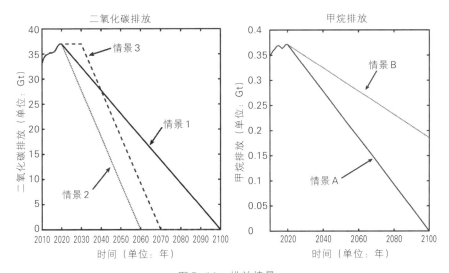

图5-11 排放情景

注：左图显示了二氧化碳排放的3种情景：（1）2100年二氧化碳排放量下降至0；（2）2060年二氧化碳排放量下降至0；（3）2020—2030年二氧化碳稳定排放，然后在2070年下降至0。右图显示了甲烷排放的两种情景：（A）2100年甲烷排放量下降至0；（B）2100年甲烷排放量下降至2020年水平的一半。

　　这些二氧化碳排放情况对于已经实现一些减排的美国和欧盟来说并不乐观，就欧盟和英国而言，它们承诺在2050年实现净排放量为0。之所以认为这些情景乐观是因为它们适用于全球二氧化碳排放。如前所述，世界很多地方二氧化碳排放量都稳步上升，而一些最大的污染国家在接下来四五十年内减排至接近0的可能性很小，并且那些承诺大幅减排的国家也不能保证就能实现减排。

　　尽管甲烷不如二氧化碳重要，我们也能看到它对变暖的作用。我考虑了两种全球甲烷排放的情景，这些情景如图5-11右边所示，具体情况如下：

　　情景 A. 从2020年起，甲烷年排放量从3.8亿吨（该年实际值）下降到2100年零排放；

　　情景 B. 从2020年起，甲烷年排放量从3.8亿吨到2100年下降一半，也就是降至1.9亿吨。

为什么甲烷实现零排放要花这么长时间？为什么我们预计甲烷排放量在本世纪末只能下降至当前水平的一半而不是下降至0呢？问题在于，尽管甲烷排放量可以相对容易地减少一些，但是降至0非常困难。举一个简单的例子，甲烷排放量从2003—2020年上升了20%，但是其中大部分增加是由石油和天然气生产引发的泄漏，尤其是通过压裂法的使用导致的，进行更严格的石油和天然气生产管制可以很大程度上消除这20%的增加。

然而，其他的甲烷排放源更加难以控制。比如，相当多的甲烷来自农场动物，如牛和羊。如果全球停止消费肉和奶（以及羊毛织物），这些排放的很大一部分就会被消除。但是在未来几年内，全球100%，甚至20%的人口成为严格的素食主义者几乎是不可能的。

而且还要记得，人类活动带来的甲烷排放量大约只占甲烷排放总量的60%，甲烷还会从湿地、海洋、永冻层和其他自然来源中释放。然而，自然释放的甲烷量在某种程度上取决于气温，并且随着气温升高而增加。由于升温是人类活动导致的，所以这样产生的甲烷排放可以被视作人为带来的。

最重要的是甲烷排放量如何影响气候，尤其是气温。因为甲烷很快从大气中消散（现在排放的甲烷大部分会在10年内消失），如果甲烷排放量保持在现在的水平，对气温的影响会非常有限。正如第5.2.3节所解释的，最重要的是甲烷排放量的变化，而不是排放水平（回顾公式（5-1），升温当量的二氧化碳排放量，CO_2-we，很大程度上取决于甲烷排放量的相对变化而不是绝对排放水平）。

5.3.1　温度变化

对于这些不同的情景，我们可以预期气温会有怎样的变化。图5-12展示了对应的截至2100年的气温变化轨迹图。左图是基于甲烷第一个（也更为乐观的）情景进行的计算，即年排放量从3.8亿吨下降，在2100年下降到0。标记为1、2和3的轨迹线对应3种二氧化碳年排放量情景：（1）二氧化碳排放量在2100年下降至0；（2）二氧化碳排放量在2060年下降至0；（3）二氧化碳排放量在2020—2030年期间保持不变，在2070年下降至0。

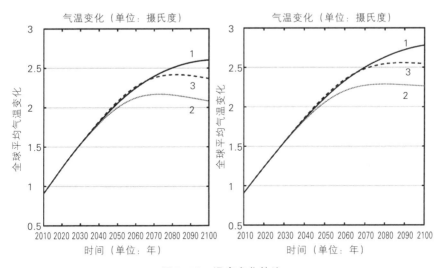

图 5-12　温度变化轨迹

注：左右两图分别显示了根据 3 种二氧化碳排放情景得到的温度变化轨迹：（1）到 2100 年二氧化碳排放量降至 0；（2）到 2060 年二氧化碳排放量降至 0；（3）从 2020 年到 2030 年，二氧化碳排放量保持稳定，然后到 2070 年降至 0。在左图中，我们假设甲烷排放量到 2100 年为 0（图 5-11 右图中的情景 A）；在右图中，我们假设甲烷排放量到 2100 年只下降到 2020 年水平的一半（情景 B）。

正如图 5-12 左图显示的，对于所有 3 种情景，温度变化在本世纪末前的某个时间点都超过了 2 摄氏度。情景 2 是 3 种情景中最乐观的情况——二氧化碳排放量在接下来的 40 年内降至 0，结果温度增量只有约 2.2 摄氏度。但如果全球二氧化碳实现零排放直到 2030 年才开始（需要花 40 年），温度增量将超过 2.4 摄氏度。而如果直到本世纪末二氧化碳排放量才达到 0，温度增量将超过 2.5 摄氏度。

如果甲烷排放量下降得更少，即到 2100 年只下降至 2020 年水平的一半，情况会怎么样呢？如图 5-12 右侧显示，温度增量更大，但是甲烷高排放量对温度变化的影响非常有限。对于所有 3 种情景，右图中温度增量的最大值比左图中高 0.2 ~ 0.3 摄氏度。正如之前解释的那样，甲烷排放是气候变化的因素之一，但由于这些排放量较小并且在大气中只能停留大约 10 年，所以影响比二氧化碳排放小得多。

　　这些计算告诉我们什么呢？很简单：几乎在二氧化碳和甲烷排放的任何现实情景中，温度升高在21世纪末前的某个时间点都将超过2摄氏度。

　　你可能会说，这里考虑的情景还不够乐观，如果我们更加努力，或许可以在更短的时间内将二氧化碳（或许甲烷）排放量降至0，比如可能在2050年之前。对于某些国家来说，这确实是可行的。但是请记住，我们在谈论全球排放量，对于世界的大部分地区，要在如此短的时间内将二氧化碳和甲烷排放量减少到接近0的水平是不太可能的。

5.3.2　不确定性的影响

　　图5-12中显示的温度轨迹是基于对气候敏感性3.0的中等估计值。但是3.0只是一个估计，在模拟和温度预测中广泛使用，而我们知道实际的气候敏感性值是不确定的。对于气候敏感性的估值不确定性，这些结果有多敏感？为了回答这个问题，我们重复了最乐观的两种情景（图5-12中的第二种和第三种），但这次使用了3个不同的气候敏感度观测值：1.5、3.0和4.5。[①]

　　大气二氧化碳浓度变化与温度变化之间的时滞性存在不确定性；尽管30年是时滞估计值的中值，但其真实值可能低至20年或高至50年，而且部分取决于二氧化碳浓度的水平和变化。同样，大气二氧化碳的年消散率也存在不确定性；虽然0.0035最符合实际数据，但实际速率可能低至0.0025或高至0.0050。然而，为了简化起见，我将忽略这些额外的不确定性，只关注气候敏感度的不确定性。对于接下来的结果，时间滞后固定为30年，年消散率为0.0035。

　　结果如图5-13所示。两个图显示了3个气候敏感度（S=1.5，3.0和4.5）对应的温度变化轨迹。左侧图适用于图5-12中所示最乐观的情景，即二氧化碳排放量到2060年降至0。在这种情况下，如果S=1.5，温度增量保持在2摄氏度以下，但如果S=4.5，温度增量超过2.6摄氏度。在右侧图中，假设从2020—2030年二氧化碳排放量保持稳定，然后到2070年降至0。这种二氧化碳排放情景稍微不那么乐观，但即使S=1.5，温度增量

―――――――――――――――――――

　　① 这些数值涵盖了直到IPCC最新的报告为止的气候敏感性的"最可能"区间；在2021年，他们将"最可能"区间缩小到了2.5~4.0。

也超过2摄氏度，如果S=4.5，则超过3摄氏度。（在两个图中，我们假设甲烷排放量在2100年前下降到2020年水平的一半）

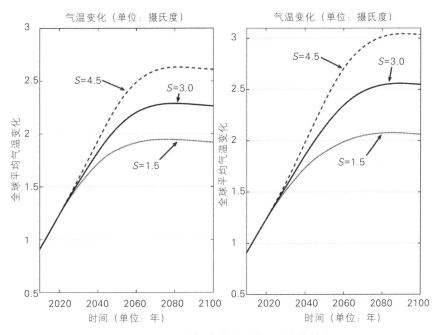

图5-13　不同气候敏感度下的温度变化轨迹

注：两图都展示了3个气候敏感度值（S=1.5、3.0和4.5）下的温度轨迹。在左图中，我们假设二氧化碳排放量到2060年降至0。在这种情况下，如果S=1.5，升温幅度保持在2摄氏度以下，但如果S=4.5，增加超过2.6摄氏度。在右图中，我们假设从2020—2030年，二氧化碳排放量保持不变，然后到2070年降至0。这种情景比较乐观，但即使S=1.5，升温幅度也超过2摄氏度，如果S=4.5，升温超过3摄氏度。

　　正如预期，这些结果表明，在接下来的几十年里无论二氧化碳排放量的轨迹如何，温度变化都极其依赖于气候敏感度的实际值。目前我们还不知道实际值，并且存在着一个广泛的合理范围。如果幸运的话，气候敏感度的实际值处于这个范围的较小值，而且我们能够迅速明显地减少全球二氧化碳排放量，当然，我们可能能够将温度增量控制在2摄氏度以下。但如果我们不太幸运，气候敏感度介于这个范围的中间值或较大值，即使全

球二氧化碳排放量立即开始下降，并于2060年降至0，温度增量也肯定会
超过2摄氏度。

假设气候敏感度的正确值是广泛使用的3.0。如果我们极其乐观，那
么是否存在某种全球二氧化碳排放情景可以使温度增量保持在2摄氏度以
下呢？是的，如果在短短20年内，即到2040年，二氧化碳排放量降至0，
并保持该水平，温度增量将仅略低于2摄氏度。这在图5-14中有所说明。
图的左侧显示了两种二氧化碳排放情景。第一种情景是对照用的，复制了
图5-12中的情景1（标记为情景1），即到2100年二氧化碳排放量降至0。
第二种情景（标记为情景4）是指二氧化碳排放量在短短20年内——即到
2040年降至0。右图显示了由此产生的温度变化轨迹。

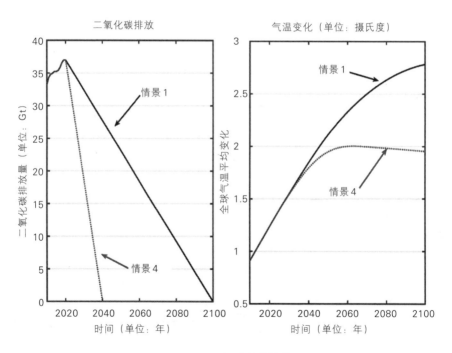

图 5-14   2摄氏度的情景

注：左图展示了二氧化碳排放的两种情景。第一种情景是从图5-12中复制的情景1（标记
为情景1），在2100年降至0。第二种情景（标记为情景4）是在仅20年内降至0，即在2040年
前。右图显示了相应的温度变化轨迹。

情景4代表了一种相对激进的模式，因为全球二氧化碳排放量能够迅速降至0（并且保持在0）是难以想象的。然而，这确实导致温度增量保持在2摄氏度以下。但请记住，这个计算假设气候敏感度为3.0或更低；如果气候敏感度稍微高一些，比如3.5，温度增量将超过2摄氏度。

我们所看到的所有情景都涉及通过减少二氧化碳排放来限制温度上升。但是，如果忽略一个重要的减少排放的替代方案——碳消除和碳封存（carbon removal and sequestration），我们是否束手无策呢？回想一下，这个想法是从大气中去除二氧化碳（"消除"），然后以一种永久的方式储存起来（"封存"）。

我们如何从大气中消除二氧化碳呢？一种选择是种植树木。目前我们正在砍伐树木，而不是种植树木，但通过适当的激励措施，植树造林或者恢复林地是完全可能的。我稍后将详细讨论造林问题，但基本问题是，需要大量的新树才能吸收足够的二氧化碳，以在净排放中产生发挥作用。那么利用创新技术从发电厂的排放或直接从大气中提取二氧化碳并储存在地下如何呢？我稍后也会详细讨论这个选择，但问题是，我们目前没有大规模进行碳排放消除和碳封存的技术，至少是没有以合适的成本达到的技术。

现在的情况是什么呢？我们应该利用所有可用（且合理）的政策工具来努力减少二氧化碳排放，并且应该把它作为国际协定的一部分，要求其他国家也大幅减少排放，因为"全球"排放才是关键。但与此同时，我们必须意识到，尽管我们怀着最美好的憧憬，但全球平均温度还是很可能会上升超过2摄氏度。我们不知道这样的升温会有什么影响，但其影响可能是严重的。我们需要相应地制订计划并采取行动。

5.4 海平面上升

到目前为止，我们只谈到温度变化，这确实是大气中二氧化碳浓度增加带来的基础性问题。但对于全球变暖，人们最担心的一个问题是它可能导致海平面上升和遍布的洪水。为什么海平面会上升呢？因为较高的温度会导致海水膨胀，并导致冰川融化和破裂。让我们来看一下未来可能面临的海平面问题。

　　有证据表明海平面已经有所上升，但人们担心全球平均温度的增加可能导致海平面上升更多。在未来几十年内，我们应该预期海平面上升多少呢？这取决于温度上升的幅度。好，让我们假设到本世纪末全球平均温度升高3摄氏度。那么，海平面会发生什么变化？答案是……嗯，到现在你可能已经知道答案了——我们不知道。我们不知道如果全球平均温度上升2摄氏度、3摄氏度或其他任何增温幅度，海平面将上升多少。

　　为什么我们不知道如果温度升高2摄氏度海平面会上升多少呢？原因正如我们不知道大气中二氧化碳浓度的任何定量增加会对温度产生什么影响。二氧化碳浓度与温度、温度与海平面之间的物理机制过于复杂，而且人们对其理解不足。关于海平面，我们能说些什么呢？许多研究已经提出了海平面可能的上升范围，就像气候敏感度也有数值范围一样。

　　图5-15显示了2100年前不同增温情况下海平面上升的5个预测情况。其中两个预测是IPCC的第四（2007年）和第五（2013年）评估报告的一部分（分别为所罗门（Solomon）2007年的研究和特克尔（Stocker）2013年的研究），另外3个预测来自弗米尔和拉姆斯托夫（Vermeer和Rahmstorf，2009）、柯普（Kopp）等人（2014）和门格尔（Mengel）等人（2016）。每个预测都附带有一个误差范围。（例如，弗米尔和拉姆斯托夫（Vermeer和Rahmstorf，2009）估计全球平均温度升高2摄氏度将导致海平面上升0.8～1.3米，最佳估计为1.0米）

　　图5-15告诉我们什么？第一，即使是在大约同一时间进行的预测也存在很大差异。例如，IPCC（2007）估计当增温4摄氏度时，海平面上升0.2～0.5米，而弗米尔和拉姆斯托夫（Vermeer和Rahmstorf，2009）的估计集中在1.0～1.5米之间。第二，预计的海平面上升幅度并不太依赖于增温的大小，这至少和直觉相反。例如，IPCC（2013）预测升温1摄氏度时海平面上升0.44米，升温2.2摄氏度时海平面上升0.55米，升温3.7摄氏度时海平面上升0.74米。

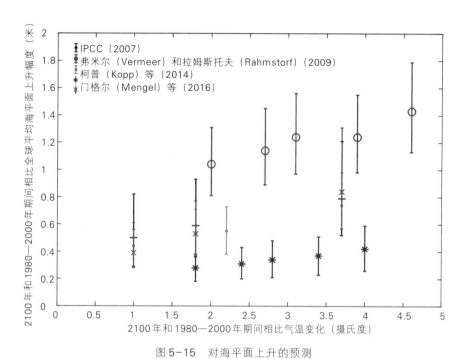

图 5-15　对海平面上升的预测

注：图中显示了根据本世纪末升温幅度估计的全球平均海平面上升和相关误差范围。IPCC（2007）指的是所罗门（Solomon）等人 2007 年的报告，而 IPCC（2013）指的是斯特克尔（Stocker）等人 2013 年的报告。其他研究包括弗米尔和拉姆斯托夫（Vermeer 和 Rahmstorf，2009）、柯普（Kopp）等（2014）和门格尔（Mengel）等（2016）。

那么海平面会发生什么情况呢？图 5-15 的总结并没有给我们提供很多指导。预测差异很大，没有一个清晰的结论。可能我们从图 5-15 中最能够推断出的是，即使升温幅度很大（大于 2 摄氏度或 3 摄氏度），海平面上升可能不到半米，也可能达到 1.4 米。此外，这里总结的是关于全球海平面上升的预测，但是局部海平面的变化可能与全球平均值非常不同，甚至更加不可预测。①

对于未来海平面的不确定性如此之大，我们应该如何应对呢？一些人

———————————

① 例如，参考柯普（Kopp）等（2014）和施塔默（Stammer）等（2013）。汉森（Hansen）等（2016）描绘了一个更悲观的景象，并认为即使升温幅度限制在 2 摄氏度，冰川也很有可能解体，使海平面上升数米。

可能会说，我们应该观望，而不是现在采取高成本的行动，比如修建海堤或堤坝以减少海平面上升可能带来的影响。这与一种观点一致，即如果我们不了解更多有关气候敏感度和高温带来的影响的相关信息，那么就推迟征收碳税和其他减少二氧化碳排放的措施。它忽视了保险对于抵御极差情况的作用。你不知道你的房子是否会被淹没以及何时会被淹没，但这并不意味着你就要选择不购买洪水保险。海平面可能只会稍微上升，也可能大幅上升，现在采取行动可以保护我们免受后者的影响。

5.5　小结

温室气体排放会走向何处？防止升温幅度超过 2 摄氏度的可能性有多大？我认为，尽管一些国家已经承诺（甚至通过了法律）会到 2050 年实现二氧化碳净排放量为 0，但是全球二氧化碳排放量不太可能那么快减少。请注意"不太可能"这个词。各国未来采取的气候政策存在相当大的不确定性。但对于全球来说，尽管在本世纪结束之前实现零排放是可能的，但可能性很低，当然我们也没法指望这种情况会发生。

我们研究的二氧化碳和甲烷排放的替代情景（有的比较真实，有的不那么真实）描绘出了至少可以说是令人失望的全球平均温度的变化。当然，一些读者可能认为我描绘的情景太悲观，甚至失败主义。也许吧。但正如我所说，很难预测各个国家在未来几十年内将采取的气候政策，我们可能会对美国、中国和印度等国家采取的措施感到惊喜，而且，我们最终可能也会惊喜地发现真实的气候敏感度的值比预期更低。问题在于我们是否应该指望惊喜。在下一章中，我将解释为什么这样做不仅天真，而且危险。

5.6　延伸阅读

本章更详细地讨论了大幅减少温室气体排放的挑战和前景，以及对本世纪末的温度变化的影响。我认为，存在大幅温度增加的可能性（即使不是很可能），这意味着我们需要相应地做好准备，并尽快关注各种形式的适应措施。但这并不意味着我们应该放弃实现零净排放量的目标，而且许多研究已经探讨了实现这一目的的步骤。

• 研究者联盟"联合国可持续发展解决方案网络"（sustainable development solutions network，SDSN）汇编了1份非常详细的报告，描述了可以用来大幅减少温室气体排放的行动。参见SDSN2020年的报告。

• 另一个研究者联盟（很多人来自普林斯顿大学）也编写了1份详细描述减少温室气体的报告。参见拉尔森（Larson）等（2020）。

• 希尔（Heal，2017b）针对美国情况，提供了一个详细分析，包括到2050年温室气体排放量如何可以减少80%以及如果减少更多排放量为什么非常困难。

• 关于2摄氏度的升温限制有怎样的观点呢？实际上，有人认为正确的现实应该是1.5摄氏度。和1.5摄氏度相比，2摄氏度的升温会有多糟糕？有关详细分析，参见来自IPCC的报告（2018）。

• 麻省理工学院的全球变化科学与政策联合项目利用其气候系统模型，模拟了可以防止升温幅度超过2摄氏度的二氧化碳排放轨迹，并研究了二氧化碳排放轨迹的影响。索科洛夫（Sokolov）等（2017）描述了结果和方法。

• 本章考虑的二氧化碳和甲烷排放情景可能是过于乐观的，因为它们忽略了永久冻土层融化的可能性。关于这个问题，参见舒尔（Schuur）等（2015）和诺布劳赫（Knoblauch）等（2018）。

• 最后，如想了解和估计升温幅度和升温可能产生的影响相关的更乐观的研究结果，请参阅隆伯格（Lomborg，2020）和碳定价高级别委员会（High-Level Commission on Carbon Prices,2017）。如需了解更悲观的研究结果，请参阅斯特恩（Stern，2015）。

5.7 附录：气温情景

在第5.3节中，根据二氧化碳排放和甲烷排放的不同情景，展示了直至2100年的温度变化轨迹，并简要描述了将这些排放量转化为温度变化量的方法。本附录为二氧化碳和甲烷的相关计算提供了更多细节。

1.二氧化碳排放

大气中二氧化碳浓度的增加如何影响全球平均气温？与第2章中的计算不同，在这里我们考虑到了增加二氧化碳浓度后产生对温度的影响所需要的时间。对于该滞后时间的估计值有所不同，但一个合理的基准值（我在这里所使用的值）是30年。

当然，我们还需要一个代表气候敏感度的值，例如大气中二氧化碳浓度翻倍最终会导致的温度增量值。如第3.4.1节所述，气候敏感度的真实值存在相当大的不确定性。根据IPCC给出的"最可能"区间的中间值，我采用了3.0这个值，但我们还将考察其他气候敏感度值对温度变化的影响。

为了计算温度变化，我们每年都要考虑二氧化碳浓度的百分比增长，并将之乘以气候敏感度数值（比如3.0），以确定其对温度的长期完全作用，即在30年后的影响。我们允许这种作用在30年内逐渐积累形成：1年后的影响是完全作用的1/30；2年后的影响是完全作用的2/30，以此类推。

图5-16说明了这一点。它展示了假设的二氧化碳排放量、二氧化碳浓度和随时间的温度变化。在这里，我们假设仅在第10年产生大量"脉冲"二氧化碳排放量：二氧化碳浓度在第10年前保持恒定，然后在第10年跃升到当年的排放量，并保持在这一新的较高水平（图中忽略了消散量）。那么温度会发生什么变化？一开始什么都不会发生，因为需要一定时间才能使增加的二氧化碳浓度产生对温度的影响（通过气候敏感度）。这需要多长时间？请记得，气候系统在二氧化碳浓度增加后需要一个多世纪才能达到新的平衡状态，但大部分影响温度的效果在20～40年的时间范围内出现。在这里，我们假设需要30年的时间才能起到完全效果，且温度在这30年内线性增长。因此，温度在第10年至第40年增加，然后从第40年开始保持恒定。

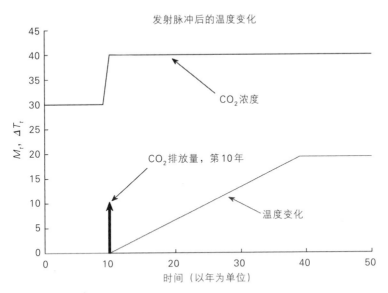

图5-16　二氧化碳排放量在第10年对温度影响的示例

注：在所假设的例子中，第10年排放了大量（"脉冲"）二氧化碳，这使得当年的二氧化碳浓度立即增加。然而，对温度产生完全影响需要30年时间。

接下来，我们用E_t表示t时刻的二氧化碳排放量，用M_t表示大气中的二氧化碳浓度，用δ表示大气中二氧化碳的消散率。最后，令S为气候敏感度的数值。那么，对于给定的E_t和M_t，即$t+1$时刻的二氧化碳浓度M_{t+1}就可以表示为：

$$M_{t+1} = (1-\delta)M_t + E_{t+1} \tag{5-3}$$

我们假设消散率$\delta = 0.0035$，这可以较好地拟合历史数据。

我们希望计算从$t=1$年开始的温度变化ΔT_t。为了得到这个值，我假设在开始日期之前（比如说1950年或更早）的情况下，M_t的变化很小，因此可以忽略任何温度影响。因此，$\Delta T_0 = 0$。令起始日期时刻的浓度为M_0，在第一年，

$$\Delta T_1 = \frac{M_1 - M_0}{M_0} \cdot \frac{S}{30}, \tag{5-4}$$

其中M_1由公式（5-3）给出。

在下一年，ΔT_2有两个组成部分：E_1导致的浓度增加的持续影响（现

在更大了），以及 E_2 导致的浓度增加的额外影响：

$$\Delta T_2 = \frac{M_1 - M_0}{M_0} \cdot \frac{2S}{30} + \frac{M_2 - M_1}{M_1} \cdot \frac{S}{30} \tag{5-5}$$

同理：

$$\Delta T_3 = \frac{M_1 - M_0}{M_0} \cdot \frac{3S}{30} + \frac{M_2 - M_1}{M_1} \cdot \frac{2S}{30} + \frac{M_3 - M_2}{M_2} \cdot \frac{S}{30} \tag{5-6}$$

对于 $k < 30$，

$$\Delta T_k = [\frac{M_1 - M_0}{M_0} \cdot \frac{K}{30} + \frac{M_2 - M_1}{M_1} \cdot \frac{K-1}{30} + \cdots + \frac{M_{k-1} - M_{k-2}}{M_{k-2}} \cdot \frac{2}{30} + \frac{M_k - M_{k-1}}{M_{k-1}} \cdot \frac{1}{30}] S \tag{5-7}$$

对于 $k > 30$，气温变化会包括前30年的排放的全部影响，和30年后的排放的部分影响：

$$\Delta T_k = [\frac{M_1 - M_0}{M_0} + \frac{M_2 - M_1}{M_1} + \cdots + \frac{M_{k-30} - M_{k-31}}{M_{k-31}} + \frac{M_{k-29} - M_{k-30}}{M_{k-30}}] S +$$

$$\frac{M_{k-28} - M_{k-29}}{M_{k-29}} \cdot \frac{29}{30} + \frac{M_{k-27} - M_{k-28}}{M_{k-28}} \cdot \frac{28}{30} + \cdots + \frac{M_k - M_{k-1}}{M_{k-1}} \cdot \frac{1}{30}] S \tag{5-8}$$

概括地说，我们首先估算大气中二氧化碳的初始浓度、历史二氧化碳排放量的具体值（至2020年）以及某些情景下的二氧化碳排放量预测值。我们使用上述公式计算每年的大气中二氧化碳浓度和温度变化（相对于基准年 $t = 0$）。

2. 甲烷

用以10年为区间长度的移动平均方法，我们首先使用公式（5-1）将 ΔE_M（10年间甲烷排放量的变化）和 E_M（该期间甲烷排放总量）进行换算，得到10年间的 CO_2 升温当量 E_{CO_2we}，除以10即可得出甲烷的年平均 CO_2 升温当量。

TCRE方法用于确定 E_{CO_2we} 对温度的影响。在10年的时间间隔内，$TCRE \approx \Delta T / E_{CO_2we}$，其中 ΔT 是时间间隔内的温度变化，E_{CO_2we} 是相应的 CO_2 升温当量。库努提、鲁根斯坦和海格尔（Knutti，Rugenstein 和 Hegerl，2017）统计了估算TCRE比率的研究，并在图5-17中以直方图的形式进行了总结。直方图与正态分布大致吻合，平均值为 1.6 摄氏度每 10 000 亿吨碳。为了用二氧化碳代替碳进行表示，我们将其除以3.66（二氧化碳与碳的质量之比），得出0.44摄氏度每10 000亿吨CO_2，或0.00044摄氏度每10亿吨CO_2。因此，甲烷对气温的影响可以通过将每年的CO_2升温当量乘以0.00044，然后累加由此产生的气温变化来计算。

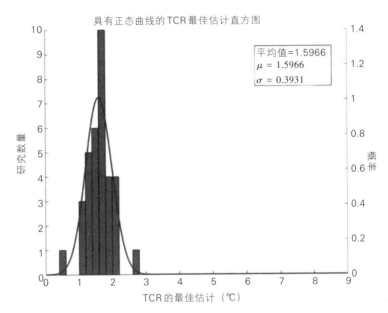

图5-17 甲烷TCRE估计值的研究的统计直方图

注：1）比率的估计值来自库努提、鲁根斯坦和海格尔（Knutti，Rugenstein 和 Hegerl，2017），直方图拟合了正态分布。

2）该分布的平均值为1.60。

第6章

如何减少净排放

我对于气候变化的未来持悲观态度。我认为，我们不太可能（不至于完全不可能）将全球二氧化碳排放量减少到足以防止气温上升超过2摄氏度的程度。但我们也可能很幸运地看到事情可能会比现在所预期的好。毕竟，正如我之前所强调的，全球气候系统和不同国家未来将采取的气候政策都存在很大的不确定性。但这些不确定性也意味着，事情的结果可能比现在所预期的更糟。试图阻止气温上升超过2摄氏度是一个值得我们积极追求的目标，但这个目标是否能实现并不是我们需要考虑的。那么我们该怎么做呢？放弃积极的二氧化碳减排行动？当然不是。我们应该努力减少全球排放。但我们也应该面对不利气候结果的可能性，并做好相应的准备。气候政策的要素可以简单概括如下：

1.减少全球温室气体排放

我们必须努力大幅减少全球温室气体的排放，主要是减少二氧化碳的排放，但也包括减少甲烷的排放。我们必须清楚全球化这一词的重要性，所有国家必须迅速实现二氧化碳净零排放，这意味着减排必须成为可以切实履行的国际协议的一部分。

2.提高减排效率

我们应该采取有效的气候政策，这意味着要以尽可能低的成本减少温室气体排放。一项又一项的研究表明，实现这一目标最有效、最直接的方法是征收碳税。但征收过高的碳税在政治上是不可行的，我们还应该寻求其他办法，比如直接补贴或政府强制执行。并且，尽管有一些环保主义者反对，但我们必须考虑去扩大核能发电的使用。

3.寻求在大气中消除二氧化碳的方法

在允许的范围内，我们可以尝试从大气中消除二氧化碳，并捕获、储存发电厂排放的二氧化碳，从而减少其净排放量。这将是困难的，除非有一些重大创新，否则不太足以解决我们所面临的气候问题。植树是种选择，但若要产生足够大的影响，就需要大量的树木。考虑到目前可用的技术，我们不应该指望碳消除对大气中不断升高的二氧化碳浓度产生较大影响。但即使是微小的减少也比没有好，并且如果我们现在投资于研发碳消除和储存的新技术，未来二氧化碳还可能会有较大幅度的减少。

4.投资气候适应性工作

我们必须承认，尽管我们尽了最大努力，排放量仍不会下降得足够快，大气中的二氧化碳浓度还将继续上升。这可能意味着，全球平均气温的上升幅度可能比人们普遍认为的2摄氏度的极限要大得多。这同样意味着我们可能面临海平面上升、更频繁且更强烈的飓风和暴风雨，以及其他不利的气候影响。我们必须为这种结果的可能性做好准备。那么如何准备呢？我们可以现在就投资于气候适应性工作。气候适应性工作包括从研发新的耐热作物到建造海堤，再到使用太阳能地球工程等方方面面（是的，地球工程，这个想法让一些环保主义者疯狂，但在得出任何结论之前，请继续阅读）。

在本章中，我将讨论减少二氧化碳排放的方法。我将解释为什么直接补贴和政府强制执行能如此有效，而碳税——尤其是作为国际协议一部分的碳税——是我们可以使用的最有效的政策工具。我还将讨论核能发电。然后，我将回到碳消除和碳封存（即储存）的前景，并研究两种被广泛推广的方法——植树和直接从空气和燃煤电厂的烟囱中去除二氧化碳。

在下一章中，我将讨论气候政策的另一个关键部分，即适应性工作。我将解释农业是如何适应气候变化的。然后，我将重点讨论应对海平面上升和更强烈飓风的方法，以及减缓大气中二氧化碳浓度上升造成的变暖效应的方法，即地球工程的应用。

6.1　如何减少排放

大幅减排显然是应对气候变化的首要任务，但要怎么做呢？减少二氧化碳排放归根到底是降低碳强度，即每1美元GDP产生的二氧化碳排放量（我们也可以通过减少GDP来减少排放，例如策划一场经济大衰退，但这并不是个令人愉快的选择）。正如第3章所解释的那样，碳强度的下降可以由能源强度（生产每1美元GDP所使用的能源量）的下降或能源效率（使用单位能源所排放的二氧化碳量）的提高引起。

能源强度和能源效率都可能受到政府政策的影响，从某种意义上说，这就是气候政策的全部相关内容。并且，征收碳税将提高燃烧煤炭的价格。由于我们使用的大部分能源来自燃烧煤炭，税收将通过提高能源价格来减少我们的能源使用，从而导致能源强度的下降。当然，其他政策选择，如汽车燃油效率标准、"绿色"建筑也可以用来降低能源强度。

征收碳税还会激励人们生产低碳能源，从而提高能源效率。例如，燃烧天然气产生的1英热（BTU）的能量与燃烧煤炭产生的1英热（BTU）相比，前者产生的二氧化碳大约是后者的一半，因此碳税将使煤炭相比于天然气更昂贵，从而更快地实现从使用煤炭到使用低碳能源的转变（从使用煤炭的转变也可以通过对新电厂建设的直接监管来实现）。同样，从风能中获得的1英热（BTU）的能源不燃烧煤炭，因此一旦碳税到位，就会变得更加经济。

降低碳强度的政策似乎很简单，那么阻碍迅速采用它们的障碍是什么呢？一个重要问题是，碳税、燃油效率标准和其他政策措施将在多大程度上减少个人消费和公共支出等相应的消费增长方面尚不清楚。我们知道边际减排成本随着减排量的增加而上升——减少20%的成本是减少10%的成本的2倍多——但我们不知道这些成本到底是多少。

6.1.1　碳价格

美国、欧洲和许多其他国家的气候政策都围绕补贴和政府强制执行展开。例如，（通过税收抵免）购买电动汽车，并规定平均燃油效率标准，以减少非电动汽车的汽油消耗。（在美国）有项政策提案将让政府为大量充电站买单，让电动汽车更具吸引力。此外还有很多其他的例子。我们缺少的是最简单、最有效的政策工具：为碳定价，以反映其真实成本。一种方法是征收碳税，另一种方法是使用碳配额交易系统，我将在后面的第6.1.4节中详细介绍。征收碳税很直接，而且还有其他好处，所以我就从这点开始着手讨论。未来情况可能会有所改变，但到目前为止（至少在美国），碳税很少作为气候政策的关键部分被提及。

为什么经济学家如此执着于使用碳税来减少二氧化碳排放？为什么不依赖（或更多地依赖）补贴和直接监管呢？为什么公众如此反对征收碳税？以一种反映其真实成本的方式为碳定价有什么错呢？

简而言之，经济学家对税收的偏好是基于要求人们为他们使用或消费的东西付费的概念。大多数打算买辆新车的人对于他们必须为新车付钱这件事不会感到惊讶。并且，大多数打算开着新车进行长途旅行的人，对于他们必须支付汽油费这件事也不会感到惊讶。

我们还要求人们赔偿他们对他人造成的任何损害。假设你没有注意，开着你的新车撞上了邻居恰好停在街上的车，你可能需要直接赔偿，或更常见地通过保险单来支付由此造成的损失。那你的汽车尾气造成的损害呢？废气中含有二氧化碳，这会导致负面的气候变化。你不也应该赔偿那笔损失吗？经济学家会说，是的，你当然应该赔偿。

这是基本思想。如果你消耗的1加仑汽油对其他人造成损害——在这种情况下是对整个社会造成损害——你应该为此付出代价。你打算怎么付钱呢？可以通过征收汽油税的方式，这个税刚好能弥补你燃烧1加仑汽油对社会造成的损害。

征收碳税不仅可以弥补汽油消耗造成的损害，还可以弥补燃烧煤炭和以其他方式排放二氧化碳造成的损害。回顾第3章，额外排放1吨二氧化碳的社会成本被称为碳社会成本。因为排放二氧化碳的家庭或公司不承担这种成本，而是由社会来承担这种成本，因此这是种"社会成本"，是种外部性。碳社会成本是碳税的基础。征收基于碳社会成本的税收将纠正家庭和企业不承担其二氧化碳排放的全部成本这一事实。如果你排放了1吨二氧化碳，给社会带来了100美元的成本，那么你应该被要求支付这笔成本。每吨100美元的碳税可以解决这个问题——你必须为你的1吨二氧化碳排放造成的损害买单。

6.1.2 政府补贴

燃烧1吨煤炭需要100美元的社会成本，所以我们想要减少燃烧的煤炭总量。是的，征收碳税可以解决问题，但我们难道不能用政府补贴来减少二氧化碳排放吗？我们可以补贴太阳能电池板，或者风车，或者电动汽车，或者任何最热门的东西。这不可以归结为同一类事吗？这样我们就可以避免引入政客（和大多数公众）厌恶的"税"字。

没错，这种补贴确实可以用来减少我们燃烧的煤炭量，而且已经在使用了。但是，这种减排的社会成本要高于征收碳税。为了了解原因，假设碳税的替代方案是对电动汽车的补贴。从某种程度上说，电力是使用可再生能源而不是化石燃料产生的，电动汽车排放的二氧化碳比汽油动力汽车少。

谁从这项补贴中受益？首先是生产电动汽车的公司。补贴降低了它们的生产成本，并由于它们将能够以更低的价格销售电动汽车，电动汽车的销量将增加。结果是消费者和电动汽车公司（以更高的利润形式）都获得了收益。消费者在总收益中所占的份额是多少？答案取决于电动汽车供需的相对价格弹性。如果供应相对缺乏弹性（由于生产能力有限，电动汽车很可能就是这种情况），那么大部分收益将流向汽车公司。[1]尽管如此，消费者确实从中受益，但现在要问的是，谁是受益最大的消费者？受益最大的消费者是最有可能购买电动汽车的人群。这种情况未来可能会改变，但到目前为止，他们绝大多数都是高收入人群。

到目前为止，二氧化碳排放量会因电动汽车补贴而下降多少？这取决

---

[1] 在竞争市场中，税收或补贴的发生率取决于需求和供给的价格波动。如果需求比供给弹性大（少）得多，那么大部分的税收负担或补贴收益将由消费者（生产者）承担。好的微观经济学教科书会解释其中的原因。

于补贴在多大程度上推动了从汽油车到电动汽车的转变，而这又取决于电动汽车供需的价格弹性。如果需求缺乏弹性——消费者对电动汽车的偏好对价格相对不敏感——消费者将从补贴中获益，但我们在路上看到的电动汽车数量不会有太大变化，二氧化碳排放量也不会有太大变化。如果供应非常缺乏弹性（因为生产能力受到限制），公司将从补贴中获益，但同样，电动汽车的数量和二氧化碳排放量不会有太大变化。换句话说，如果需求或供应非常缺乏弹性，那么需要大量补贴才能对二氧化碳排放产生很大影响。

征收碳税也可能无助于改变道路上电动汽车的数量。这项税收将提高汽油价格，从而提高拥有和运营汽油动力汽车的成本。但只有在消费者对价格敏感的情况下，消费者才会转向购买电动汽车。如果一家发电企业目前使用的是煤炭，但正在考虑改用风能，那么它将对煤炭与风能的相对价格非常敏感，而且很可能会因为降低风能成本的补贴或提高煤炭成本的碳税而作出改变。

你可能会觉得，如果我们简单地确定并针对那些可能对补贴反应最积极的东西作出相应措施（比如我选择风力发电而不是电动汽车作为例子），我们仍然可以使用补贴来避免碳税。不幸的是，这并不容易做到。相反，可能发生的情况是，补贴将不成比例地流向那些具有政治影响力的公司和行业。毕竟，政客们将决定补贴什么，对他们来说，经济效率并不是最重要的。我们真正关心的是，有了碳税，我们不需要确定和针对任何东西采取措施。税收将增加任何形式的煤炭燃烧成本，从而减少碳燃烧量。

6.1.3 政府授权

另一种政策选择是直接监管，即政府强制要求以特定方式减少化石燃料的消耗。例如，政府可以要求所有新建发电厂使用可再生能源（如风能、太阳能和水能），而不是化石燃料。政府亦可以要求所有新建住宅和建筑使用电力供暖，而不是天然气或燃油。政府还可以禁止销售燃油汽车，以加速电动汽车的普及。实际上，一些国家已经实施或计划实施禁止销售燃油新车的禁令。[1]

要求用风能或太阳能发电，要求新住宅和建筑物用电力供暖，或是要求销售的所有新车都是电动汽车，这些措施确实会减少我们对化石燃料的使用，从而减少二氧化碳的排放，但这种减排方法会比碳税更可取吗？

问题是，遵守政府规定的成本取决于具体的强制措施，而且成本可能会非常高。利用太阳能和风能生产部分的电力可能成本适中，但要求所有电力都由太阳能和风能生产的话，成本将会非常高昂。因为这需要大容量的电池或其他存储设备，以便在没有太阳或风的时候持续保持电力供应。类似的情况还有在气候寒冷时，用天然气取暖远比用电取暖要有效得多。

因此，我们又遇到了与政府补贴政策相同的问题。我们必须确定在何种程度下政府强制措施能带来成本效益，以及在何种程度下政策实施成本相对于能实现的二氧化碳减排量来说过高。同样，这一点并不容易做到，因此强制措施很有可能会被低效实施。如果征收碳税，我们就不必确定其他强制措施的相对成本效益。碳税只是增加了燃烧煤炭的成本，然后让市场力量来决定如何减少碳的燃烧量。

这并不意味着强制措施和补贴政策不应该成为政府减排政策的一部分。目前而言，单靠征收大量的碳税来大幅减少排放是不现实的，因此，任何税收的实施都必须辅之以强制措施和补贴政策。但重要的是要意识到强制措施和补贴政策可能带来的低效，而碳税可以避免这一点。[2]

6.1.4 碳排放配额交易

我们可以对那些对社会造成外部成本的产品或活动征税，但我们也可以限制其数量。这可以通过直接法规来实现——比如不允许在道路上乱丢垃圾，企业不得倾倒有毒化学品到河流或溪流中。或者更普遍来说，政府可以

---

[1] 挪威的计划最为雄心勃勃：它将在 2025 年前逐步停止燃油汽车的销售。中国、冰岛、爱尔兰、荷兰、瑞典计划到 2030 年前逐步停止燃油新车的销售，而英国、加拿大、法国和西班牙计划将于 2040 年（加利福尼亚州计划于 2035 年）停止销售燃油新车。不过，根据电动汽车的使用价值和成本情况，这些计划可能会发生变化。

[2] 霍兰德、曼苏尔和耶茨（Holland, Mansur 和 Yates, 2020）估算了强制淘汰燃油汽车或补贴鼓励购买电动汽车的低效。他们发现这种低效率是"相当适中的，不到外部总成本的 5%"。霍兰德（Holland）等（2015）以及雅各布森（Jacobsen）等（2020）也讨论了低效的问题，并展示了如何估算。

简单地规定污染物的排放量，并对超过规定数量的企业施以严厉的惩罚。

　　但是，还有种将价格与数量限制相结合的高效方法。为了减少二氧化碳排放，碳排放配额交易系统（a cap-and-trade system）采用可交易排放许可证。在这个系统下，企业会被分配一定数量的二氧化碳排放许可证，每个许可证规定了企业允许排放的二氧化碳吨数。超出许可证规定排放量的企业会受到严厉处罚。这些排放许可证将在企业之间分配，其总数量由政府选择，以实现所需的二氧化碳排放最高水平。

　　该系统的关键特点是这些排放许可证是可市场交易的：它们可以买卖。因此该系统非常高效：那些难以降低二氧化碳排放量的企业会从更容易减排的企业购买排放许可证。政府确定了二氧化碳排放的总量，并且由于这些许可证可以交易，减排将以最小的成本实现。

　　施行碳排放配额交易相对于碳税的一个不利之处在于，政府通常会同时采用多种政策。假设一个国家对年二氧化碳排放量设定了 20 亿吨的限额，并发行了可交易的排放许可证以实现该目标。现在假设该国增加了另一项政策，比如要求所有电力都由可再生能源发电。因为已经发布的许可证数量允许 20 亿吨的排放量，新政策的发行并不会额外减少排放，只会导致成本增加。然而，采用碳税的话，新增政策将进一步减少排放①。碳排放配额交易的第二个不利之处是没有明确的方法指导政府如何公平分配这些许可证，分配过程可能受到政治压力的影响。

　　撇开这些问题不谈，碳排放配额交易是种有效的减少排放的方式。不幸的是，碳排放配额交易也面临着与碳税相似的公众抵制。首先，限制排放将必然增加二氧化碳排放企业的成本，因此它们反对这种政策。而且许多人觉得允许企业付费来污染在某种程度上是不道德的。所以，尽管碳排放配额交易非常高效，它在减少二氧化碳排放方面并没有得到广泛应用。欧盟是个例外，它采用了碳排放配额交易系统——排放交易体系（ETS）。欧洲委员会已宣布计划扩大 ETS 系统。但目前尚不清楚碳排放配额交易系

---

　　①　梅特卡夫（Metcalf，2019）更详细地讨论了这个问题。

统在多大程度上会得到更广泛的应用。①

6.1.5　关于征收碳税

现在让我们回到碳税这个话题。在第3章中，我们遇到了碳社会成本的概念；它代表社会排放1吨二氧化碳所需的成本，也是制定碳税的基础。所以要确定税的规模，我们只需计算碳社会成本。听起来挺简单，但是仔细阅读了第3章后，你可能会得出类似的结论："这很好，但我们不知道碳社会成本的高低。它可能只有每吨30美元，也可能高达每吨400美元——因为气候系统和可能的气候损害存在太多不确定性，无法确定碳社会成本的具体数值。这意味着我们不知道税应该有多大，因此我们不应该征收税。"

结论的前半部分是正确的："我们不知道碳社会成本的高低。"但是结论"因此我们不应该征收碳税"是不正确的。我们经常在非常有限的信息下作出个人决策，比如是否进行非必要的手术，或者是否和某个特定的人结婚。而公共政策几乎总是基于结果的不确定性，比如是否要提高或降低利率。

结论"我们不应该征收碳税"是错误的，主要是因为，假设你划着独木舟顺流而下，有人告诉你沿途可能会有瀑布。你急于完成旅程，一路上也许没有瀑布，或者即使有，可能还有一段距离。那你应该每隔几百码靠岸看看前面是什么吗？是的，尽管这会减慢你的速度，或者可能会错过晚餐。但这总比掉进瀑布好。

这就是气候政策的保险价值，在第4.1.3节中详细讨论过。由于气候变化的不确定性——事实上我们不知道碳社会成本——社会应该愿意牺牲相当大比例的GDP，以避免或至少降低极糟糕气候的发生风险，我称之为灾难性结果。灾难性结果的风险，有时被称为"长尾风险"，可能会促使我们现在就征收碳税，而不是等着观察气候变化会变得多么糟糕后再决定是否行动。实际上，现在减少二氧化碳排放，就相当于在购买保险，而

---

① 可以阅读基欧汉（Keohane，2009）和斯塔文斯（Stavins，2019）来获取关于配额交易系统和其他碳定价方式的更详细讨论。

这份保险的价值可能是相当大的。

所以，现在你相信征收碳税是有意义的。(是不是有点一厢情愿?)但随后的问题是应该收多少税? 在美国，任何形式的税收都比我们现在的情况要好;在过去几十年里，美国政府一直在补贴石油和天然气生产，过去10年为化石燃料生产商提供了每年620亿美元的补贴[1]。美国并不是个例;其他国家，事实上大多数其他国家，也一直在补贴石油、天然气和煤炭，尤其中国、俄罗斯和印度，还有欧盟[2]。所以即使现在不可能立即征收碳税，至少我们应该取消那些鼓励化石燃料生产的补贴。

但是我们不应该放弃碳税。里特曼 (Litterman，2013) 和平狄克 (2013c) 认为，鉴于在碳社会成本上很难达成共识，我们应该简单地征收适度的碳税，其具体规模并不是很重要。[3]这至少会向政治家和公众表明，燃烧煤炭所带来的外部成本确实是存在的。之后，随着我们对碳社会成本的理解改进，税收可以进行调整。

我已经解释了碳税是一种比政府补贴或政府指令更高效减少二氧化碳排放的方法。但碳税还有另一个优势，如下所述。

6.1.6　国际协议中的统一碳税

依靠碳税来减少排放的另一个论点是，它使得国际协议的达成、验证和执行更容易。为什么呢? 回想一下《巴黎协定》，事实上所有主要的国际气候协议都是基于减少排放的承诺。许多谈判都是关于每个国家应该减少多少排放量，以及这个数量应该与其他国家的减排量相比如何。例如，印度会 (并且确实如此) 主张其减排百分比应该比美国或欧洲小得多，因为印度相对较贫穷，减排的成本负担更大。

但这种方法存在问题，首先是确定每个国家的排放百分比减少量。作

---

[1]　这个对于美国的估计来自科廷 (Kotchen，2021)。他还计算了每年补贴刚好低于6千亿美元时带来的总外部成本 (包括气候、交通和健康)。

[2]　科迪 (Coady) 等 (2019) 估算了191个国家的化石补贴，并声称在全球范围内，2015年的补贴数量级约为7.4万亿美元 (占全球 GDP 的6.3%)。他们估计如果没有这些补贴，全球二氧化碳的排放量将减少28%。

[3]　拉夫提 (Rafaty，2020) 论证了无论什么规模的碳税颁行都能带来二氧化碳减排，或许通过让人们更明确地意识到排放会带来什么危害。另一方面，他们发现弹性令人失望的小:每吨10美元的碳税只会让排放量减少0.1%。

为一种谈判策略，较贫穷的国家会主张其减排百分比应该比富裕国家小。但是除了谈判策略，我们如何真正决定多少减排量是公平的呢？贫穷国家与富裕国家相比应该得到多少减排优惠？减排要求在多大程度上应该取决于排放量的起始水平，或者以前的排放增长率？我们是否应该尝试实现人均排放量均等？中国的二氧化碳排放量约为美国的2倍，但人均二氧化碳排放量却只有美国的一半，所以，即使不考虑财富和收入差异，美国的百分比减排量是否应该比中国更大？这些问题没有简单的答案，大大增加了达成各国减排协议的问题的复杂性。

协议可以简单地规定各国排放减少的目标，而不是规定必须减少的量（《巴黎协定》就是这种情况）。但这样的协议可能不太可靠，因为目标可能不会被实现。一项更强有力的协议，是对每个国家施加强制性减排要求，这样更有可能实现计划好的总体排放减少。但这带来了第一个问题，即验证。假设已经达成了一项协议，规定了每个国家的减排量。我们如何知道各国是否遵守了协议？我们对各国二氧化碳排放的数据主要来自每个国家政府汇编的统计数据，而各国政府有动机夸大自己的减排量。

第二个问题是执行。如果某个国家没有履行其减排承诺，将会怎样？在没有某种执行机制的情况下，"搭便车"问题就会出现：各国会有动机减排量小于他们承诺的量。

一项基于税收的协议可以帮助解决这些问题。假设我们可以就全球范围内的碳社会成本达成大致一致的估计（即基于全世界的气候损害，而不是美国或其他单个国家）。由于它具有全球性，这个数值将让我们确定应该应用于所有国家的碳税，我们将它称为"统一"碳税。这种"统一"的碳税可能是一种更优越的政策工具，因为它可以更好地促进国际气候协议[1]。

为什么"统一"碳税一直是目前气候谈判中各国减排的基础？首先，谈判将围绕一个单一的数字——税的大小——而不是谈判每个国家的减排量，后者要复杂得多。对于有着不同利益、不同人均收入和排放水平的国

---

[1]　此处我简略概述了"统一"碳税相关的论点。想了解更多细节，请参考威茨曼（Weitzman，2014a，2015，2017）和平狄克（Pindyck，2017a）。

家来说，同意一个数字要比同意一大堆数字容易得多。在各国减排中，每个国家都有"搭便车"的动机，试图将自己的减排最小化，同时最大化其他国家的减排。当然，小国仍然有拒绝参与碳税制度的"搭便车"动机（正如陈和泽克豪斯（Chen 和 Zeckhauser，2018）强调的那样），但只要大多数较大的温室气体排放国参与并遵守，协议的整体目标仍然可以实现。

其次，监测各国是否遵守其约定的减排目标非常困难，惩罚不遵守的国家更加困难。"统一"碳税在很大程度上解决了监测问题；与排放量相比，观察各国是否确实征收了他们同意的税收要容易得多。而我们如何惩罚不遵守协议的国家呢？在他的"气候俱乐部"论文中，诺德豪斯（Nordhaus）（2015）建议对不参与或不遵守的国家实施贸易制裁，作为应对"搭便车"问题的一种方式。虽然这可能确实会提高遵守度，但也可能升级为贸易战（并涉及对现有贸易协议的重大修改）。但同样，只要较大的温室气体排放国加入并遵守税收协议，目标就大体上可以实现。

再次，一项源于国际协议的税收可能在政治上更具吸引力，使达成协议和遵守协议更有可能。税收将由各国政府收取，并可以通过任何政府想要的方式。因此，它使政府以较低的政治成本筹集收入。在世界上很多地方，各种税收都不受欢迎，但在这种情况下，政治家可以通过"是上天让我这么做"的理由来辩解税收负担。

最后，关于"统一"碳税的协议可以非常灵活。例如，它不需要阻止富裕国家向贫穷国家进行货币转移，或者其他形式的附加付款。①

1.目标与基于碳社会成本的税收

无论气候谈判的重点是转向碳税，还是继续围绕全球总体减排量的协议（然后需要更困难地达成各国之间的总体减排分配协议），我们都需要对碳社会成本达成共识估计，以便确定正确的税收或减排目标。正如我所强调的，尽管在气候变化方面进行了大量研究，但由于对气候系统和可能的气候变化损害存在许多不确定性，我们对碳社会成本的估计没有达成共

---

① 请阅读威茨曼（Weitzman，2014a）来了解关于统一碳税这些和其他方面的详尽讨论。还有，关于常用世界碳社会成本还是各国碳社会成本的讨论请参考科琴（Kotchen，2018）。

识。因此，在过去10年或20年里，国际气候谈判一直侧重于中期目标。

与"最终"减排目标相对应，这些中期目标将对本世纪末的温度上升设限，然后将其转化为本世纪中期和末期大气中二氧化碳浓度的限制，进而将其转化为现在和未来几十年的总体减排量要求。目标温度上升通常被规定为2摄氏度内，理由是超过2摄氏度的变暖将使我们脱离地球上曾经观测到的温度范围，因此可能会造成灾难。最近，这个目标已经降低到1.5摄氏度，尽管许多分析表明，即使2摄氏度的限制在当前大气二氧化碳浓度、当前排放水平和对未来20年减排的合理假设下，可能也是不可能达成的。

对本世纪末温度上升的限制似乎消除了对碳社会成本的需求，但实际上它只是用一个任意的目标替代了碳社会成本，而这个目标可能没有太多经济上的合理性。尽管2摄氏度以上的温度上升确实可能超出我们观测到的范围，但我们对其潜在影响知之甚少。由于变暖将缓慢发生，给出了适应的时间，我们很难得出其影响将是灾难性的结论。

2.温度目标

2摄氏度的温度目标可能是有意义的吗？问题在于，如果没有良好的"损失函数"的估计，即不同温暖程度导致的GDP损失，那么就没有理由认为2摄氏度比其他任何数字更有合理性。当然，如果有人认为真正的损失函数在2摄氏度以下基本保持平稳，然后在达到我们认为是灾难性水平时急剧上升，那么2摄氏度的目标可能是有道理的。[①]但是没有充分的理由相信存在这样的临界点，或者如果存在的话，它会出现在2摄氏度（实际上，更广泛使用的综合评估模型中的损失函数校准表明，2摄氏度的温度升高导致的国内生产总值损失低于3%，我们很难称之为灾难性）。

那么为什么这个几乎没有依据的温度目标能够成为政策的焦点？因为这是人们可以达成一致的事物，无须讨论损失的性质（以及可能限制这些损失的适应程度），更不用说应该用于50~100年的效益和成本的贴现率。

---

① 但是2100年后会发生什么？2100年全球平均气温已经上升2摄氏度或许意味着平均气温在2100后仍将不断上升，那么到2100年的2摄氏度限制或许就太高了。

无论这个被广泛同意的本世纪末温度目标是否可以在经济学或气候科学上被论证合理，它都为达成大气二氧化碳浓度目标和总体减排目标的协议提供了基础。

这样的温度目标是我们能做到的最好的吗？鉴于估计碳社会成本的困难，它应该作为气候政策设计的基础被放弃吗？如果目标是采取措施应对气候变化，那么温度目标可能是有意义的。实际上就当前而言，即使这个目标对于经济学家来说不是很令人满意，简单地采取一些措施也并不完全是不合理的。

6.1.7 研究与开发

前文中我已经论述了政府对电动汽车、"绿色能源"等的补贴可以帮助减少二氧化碳排放，但相对于碳税的使用来说是低效的。然而，有一个领域对于补贴是相当合理的，那就是研究与开发（R&D）。为什么要对R&D提供补贴，但不对太阳能电池板等提供？

燃烧1吨煤炭会产生外部成本——即负外部性——这是碳税的基础。通过碳税，您必须为燃烧那1吨煤炭所造成的社会损害买单。但是，如果1家公司花钱进行R&D，它会为社会带来好处——即正外部性。原因在于，R&D会产生以前不存在的新想法和新知识。这些想法和知识倾向于在经济中传播，并使其他公司受益，这些公司可以利用它们来开发新产品或降低生产现有产品的成本。最初进行R&D并因此产生新的想法和知识的公司会受益（可能会创造自己的新产品），但它无法完全独占这些想法和知识。即使该公司对其发现进行了部分或全部专利保护，它所创造的想法和知识也将在一定程度上在整个经济中扩散，并帮助其他公司创造产品和/或降低成本。

由于进行R&D的公司在R&D取得成功时无法完全获得全部好处，它往往会对R&D进行不充分的投资，即它会做比社会最优水平更少的R&D，这是补贴应该存在的基础。有了补贴，公司将进行更多的R&D，这对公司自身和社会都有好处。

还有"基础研究"，它可以发展出一些根本性的新想法，可能并不会直接导致新产品，但可以提高我们对大多数R&D的科学基础的理解。基础研究的成果很少有公司能够捕捉，因此，即使有补贴也不会进行足够的研究。在这里，解决方法是由政府直接对研究型大学、国家实验室和其他研究中心进行资助。

当涉及气候变化时，R&D 尤为重要。我们需要找到在不使用化石燃料的情况下降低能源生产成本的方法。R&D 已经导致太阳能和风能成本大幅降低。但是，太阳能或风能只在阳光普照或刮风时产生电力。这意味着我们需要开发更好的能源储存技术，即更好的电池技术。广泛使用的锂离子电池最早在 20 世纪 80 年代引入。虽然相关研究已经促进了寿命延长、能量密度增加、安全性提升、充电速度提高和制造成本降低，但锂离子电池仍然是昂贵的能源储存方式。开发新的更好的能源储存方法就是 R&D 的一个例子，该项目从私营公司获得补贴，同时由政府直接资助大学和其他研究中心。

6.2 核能电力

世界范围内，发电过程产生的二氧化碳排放量占据了大部分（2020年约为 1/3）。此外，减少全球经济范围内二氧化碳排放量的方案大多数是用电力广泛替代化石燃料。因此，考虑到其重要性，我们如何"去碳化"发电？从煤炭转向天然气是一种助力方式，而转向风能、太阳能和水电等可再生能源则能更有效地帮助减少碳排放。但我们很难达到电力完全由可再生能源发电的程度，无论是在美国和欧洲，还是在中国、印度、俄罗斯以及其他一系列国家都是如此。在这种情况下，我们可以转向哪些替代选择？其中一个选择就是核能。

到目前为止，我几乎没有谈及核能，但它可能对电力生产的脱碳至关重要。目前，全球约有 10% 的电力由核能发电，拥有大约 440 个正在运行的反应堆，另有 55 个在建设中，还有 109 个处于规划阶段的反应堆。然而，在接下来的几年里，可能会有 30 到 50 个反应堆退役（被关闭）①。不同国家对核能的使用程度差异很大：它在美国约占发电量的20%，在法国约占发电量的70%，而在印度约占发电量的3%（就核能发电总量而言，美国是远远领先的国家，2019年的核能发电量超过8 000亿千瓦时，而法国为3 820亿千瓦时，中国为3 300亿千瓦时）。如图6-1所示，过去20年来，核能发电能力几乎没有增长，尽管全球范围内的总发电量增加了约75%。而对未来10年的预测也显示核能发电量几乎没有增长。

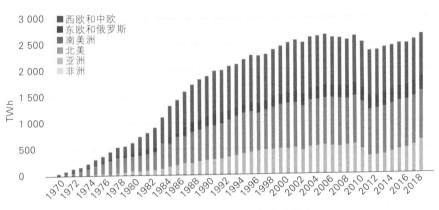

图6-1　按地区划分的核能发电能力

注：核能的利用在大约2002年达到峰值，此后一直处于停滞状态，尽管电力产量一直在增加。2011—2012年的下降是2011年福岛核事故的结果。

资料来源：*World Nuclear Association and IAEA Power Reactor Information Service（PRIS）*。

　　公众和一些环保人士对于核电厂的建设和运营存在强烈的反对意见。不幸的是，这种对核能的厌恶变相导致了煤炭消耗量的增加。德国就是一个例子，该国在福岛核事故后决定逐步淘汰所有核电厂。在2010年，核能占据了德国电力产量的22%以上；而现在这一比例已降至不到10%，并持续下降。在德国，取代核能的主要能源是煤炭。②

---

① 对于全球核能利用情况的概述，请参阅https://www.world-nuclear.org/information-library/current-and-future-generation/nuclear-power-in-the-world-today.aspx。

② 德国决定逐步淘汰核能，并部分用煤炭替代的代价在Jarvis，Deschenes和Jha（2019）中进行了估算。

核能发电不会产生二氧化碳或其他温室气体，因此看起来是种天然的"去碳化"发电和提高能源效率的方法，即减少每消耗1单位能量所排放的二氧化碳量。考虑到减少二氧化碳排放的重要性，为什么我们没有看到核能使用的推广呢？因为虽然核能不会产生二氧化碳，但对许多人而言，它却带来了另一个令人担忧的问题：恐惧。许多人认为核能本身是危险的，并对核电厂的建设和运营感到害怕，特别是如果核电厂建在他们居住地点的10或20英里内。这种恐惧基于什么？首先，"核能"这个词本身就让人感到不安，人们会将它与有害辐射，甚至核武器联系起来。[①]许多人在被告知核电厂不会释放有害辐射时并不相信。

即使人们了解到核电厂不会释放有害辐射，他们中的很多人仍会反对核电厂的建设和运营。为什么呢？有几个因素起了作用，阻碍了核能的发展。其中最重要的因素如下：

1.重大事故

公众对重大事故感到害怕，比如熔毁或爆炸，可能会使放射性物质散布到大范围。毋庸置疑，您和大多数人都知道1979年美国三里岛和1986年切尔诺贝利发生的事故，以及2011年福岛核电站受到海啸损害的情况。这些灾难给人们留下深刻的印象，动摇了公众对核能的信心。人们担心核电厂中的浓缩铀会像原子弹一样爆炸，但他们忽略了铀只浓缩到3%～5%U235，而不是制造核武器所需的90%U235。[②]至于切尔诺贝利，那是很久以前的事了，采用了陈旧的设计。现在，核能技术已经发展到了几乎不可能再次发生这样的灾难的程度。尽管如此，这些灾难的形象让人们觉得核电背后风险重重——虽然是不现实的——但它却引发了公众对核能的相当大的反对意见。后面我将解释，与化石燃料相比，核能导致的死

---

① 你是否曾经经历过磁共振成像（MRI）检查？MRI是磁共振成像的缩写，它通过对身体部位施加强大的磁场，使待检组织中的原子核排列一致。然后，应用强烈的射频脉冲，将原子核推出排列。当它们重新排列时，原子核会发出电磁信号（即共振），这些信号可以被成像。在该技术被开发出来时，它被称为核磁共振成像（NMRI）。但后来发现"核"这个词让人们感到恐惧，因此技术改名为MRI，即磁共振成像。

② U235是铀的放射性同位素。天然存在的铀中只有0.7%的U235（其余是非放射性同位素U238）。浓缩是通过将从开采的铀矿石生产出的铀氧化物转化为铀氟化物气体，并将其输入高速离心机中来进行的。快速旋转使得较重的U238与U235分离。

亡风险要低得多。

2.核废料处置

核燃料棒含有浓缩到约3%~5%U235的铀尽，降至低于1%。然而，从核反应堆中取出的235会被消耗殆种其他放射性物质，其中最显著的是钚同位素（Pu料棒包含各射性数千年。那么，如何处理这些核废料呢？这些用过的以保持放储存，但最终必须得到永久处理。幸运的是，这是可以做到以临时的。处理过程是将用过的燃料储存长达40或50年，以使其放地做到减到相对较低的水平。接下来，将这些材料密封在耐腐蚀的容器中平衰是不锈钢制成的），然后埋藏在稳定的地质岩层深处。但有个问题：常负责开发所需的稳定地质岩层，它们将位于何处？这在美国尤其是个问题，因为成千上万吨的核废料正在积累，而对处置场地的成本和位置问题尚无政治共识。但是，就像许多气候变化政策一样，这是个政治问题，并且是个可以很容易解决的问题。关于如何解决该问题，请参阅读美国核未来蓝带委员会（2012）向能源部长的报告（*Report to the Secretary of Energy by Blue Ribbon Commission on America's Nuclear Future*，2012）。

3.核扩散

对日益增长的核能利用的另一个担忧是它可能导致核扩散，从而可能增加核恐怖主义甚至核战争的可能性。有两种被认为可能导致核扩散的途径。第一个途径是使用浓缩铀，一旦一个国家（比如伊朗）从事铀浓缩业务，为什么要停留在燃料棒所需的5%U235？为什么不让离心机持续旋转，直到达到制造核武器所需的90%U235浓度？答案在于通过经济和其他制裁来迫使具有浓缩能力的国家同意限制浓缩度，并接受国际原子能机构的检查。第二个途径是通过二次处理用过的燃料棒中的物质来分离出钚，而钚可以进一步加工用于制造核武器。但在进行二次处理的国家进行严密的保护，并且使用钚制造武器比使用高浓缩铀更加困难。此外，想要制造武器的国家可以通过简单的浓缩铀或建造设计用于生产钚的反应堆来更容易地制造武器，而这并不需要核电厂。无论有没有核能用于发电，核扩散仍将是个严重的威胁。

4. *核能的* 集中在前期，即建设核电厂的成本。与相同发电容
核能的 相比，建设核电厂的成本要高得多。另一方面，运营
量的燃煤 本降低多少，或更广泛地说，核能的成本与煤炭、石油
成本要 何成本相比如何？答案在一定程度上取决于煤炭、石油和天
或天然 而这些能源的价格波动较大。无论化石燃料的价格如何，碳
然气的 有效价格更高。即使没有碳税，核能也可以通过减少当前存在的
税将 确定性来获益。在美国和其他国家，监管框架并不稳定，这导致对
监 建设和运营核电厂成本的不确定性，从而降低了对核电厂建设的投资
力。[1]降低监管不确定性并实行碳税将大大提升核能与化石燃料的竞
争力。

那么，我们能得出什么结论？核能发电是否仍然过于危险？的确，化
石燃料发电产生的二氧化碳排放至少不会导致三里岛、切尔诺贝利或福岛
核事故，以及这些事故造成的生命损失。比起放弃核能，扩大使用核能是
否更安全？实际上，是否可以像德国那样关闭我们的核电厂？长期来看，
这样做会挽救生命吗？

事实恰恰相反。发生核事故是罕见的，并与使用化石燃料造成的众多
事故和相当大的破坏相形见绌。就挽救生命而言，核能比任何化石燃料替
代品都要安全得多。您还不相信吗？那么请看图6-2，它显示了生产电力
的替代方法中，每亿千瓦时（TWh）的电力产量所造成的空气污染和事故
死亡率。

正如图6-2所示，使用化石燃料比核能更具风险。就每产生1兆瓦时
电力而言，核能导致的死亡人数仅为煤炭的1/400，石油的1/264，天然气
的1/40。为什么化石燃料比核能更致命呢？首先，化石燃料的生产，尤其
是煤炭，是有可能致命的。煤矿工人会因为事故而死亡，或缓慢地患上黑
肺病，但这些死亡并没有像核事故那样引起广泛关注。同样，石油和天然

---

① 平狄克（1993）分析了政策不确定性的影响（但或许有些过时）。

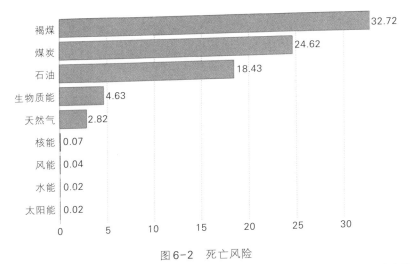

图6-2　死亡风险

注：本图比较了不同发电方式因空气污染和事故导致的死亡率，单位为每亿千瓦时（TWh）所产生的电力。可以看出，使用化石燃料远比核能更具风险。

资料来源：Our World in Data, compiled from Markandya和Wilkinson（2007）and Sovacool等（2016）。

气的生产也会导致事故发生。其次，燃烧化石燃料会导致空气污染，不仅会产生二氧化碳，还会产生颗粒物，这些微小颗粒可以深入肺部，进入血液，对多个器官造成损害。越来越多的证据表明，颗粒物污染会导致婴儿死亡，以及成人心血管、呼吸系统和其他类型的疾病的致死率上升，并显著缩短了诸如印度、孟加拉国和巴基斯坦等国家居民的预期寿命。[①]

　　这里的重点是什么？首先，使用核能发电是安全的，肯定比使用化石燃料更安全。正如图6-2所示，人们可能会争论风能、水能和太阳能哪个更安全，但由于能源储存的问题，期望所有电力都通过这些可再生能源产生是不现实的。其次，核能发电是（或者说可能，如果与监管改革和碳税相配合）具有成本效益的。最后，核能发电是100%无碳的。如果我们将

①　有关各国的数据，可参阅美国健康影响研究所（Health Effects Institute）2020年的报告及其中的参考文献。

核能发电排除在减碳发电的途径之外，那将是一个严重的错误。毫无疑问，如果没有核能，减少二氧化碳排放将变得更加困难，而我们没有任何充分的理由排除核能发电。

6.3 碳消除

解决大气中二氧化碳积累问题的另一种方法是从大气中移除部分二氧化碳（"碳消除"），然后将其储存起来，防止将来释放到大气中（"碳封存"）。碳消除和碳封存有助于减少"净"排放量，"抵消"正在增长的二氧化碳浓度。此外，理论上它不会对环境造成负面影响。它能否为气候变化问题提供现实的解决方案？具体又是如何实现的呢？

植树造林是消除二氧化碳最容易想到的方法，一些国家确实将其作为气候政策工具。树木（和其他绿色植物）通过吸收二氧化碳并将其与水和阳光中的能量结合而生长，在此过程中释放氧气。因此，树木越多，就意味着吸收大气中的二氧化碳越多，净排放量就越低。不幸的是，在过去的几十年里，全世界都在快速砍伐树木、森林。但是，假设人们停止砍伐森林，转而种植新树，那么需要种植多少树木才能显著减少二氧化碳的净排放量呢？正如我将在后文中解释的，数量非常大。

比如吸收、捕获并储存化石燃料发电厂产生的二氧化碳这种形式的碳清除究竟效果怎么样呢？已经有人提出了这样的建议，一些公司也正在投资开发相关的新技术。但目前，这些技术的成本非常高昂，已不合乎经济效益。那么，未来成本是否会下降，从而使一部分技术具有商业可行性？碳消除与碳封存（CRS）能否成为大幅减少二氧化碳净排放量的解决办法？也许可以——我们将在后文展开。

6.3.1 树木、森林和二氧化碳

正如您在高中生物课中学到的，树木（和其他植物）吸收二氧化碳，并通过光合作用产生生物质（木质）并释放氧气。因此，如果没有世界上的树木，大气中的二氧化碳浓度会比现在高得多。

可悲的是，树木正在被迅速砍伐。根据联合国粮食及农业组织

（2020）的数据，在 2015—2020 年的 5 年间，约有 50 万平方公里的森林被砍伐，约占全球森林总面积的 1.2%，这意味着能吸收二氧化碳的树木大幅度减少。即使我们通过完全停止燃烧煤炭来停止排放二氧化碳，目前的森林砍伐速度也会导致二氧化碳浓度增加。

　　这就带来了我们需要解决的几个问题。首先，持续的森林砍伐会导致多少额外的二氧化碳进入大气？更乐观地说，如果停止砍伐森林，目前的二氧化碳净排放量会下降多少？其次，假设我们种植了新的树木，以替代被砍伐的树木（恢复林地），或创造新的林区（新建林地）。这样对二氧化碳净排放量有何影响？每年需要种下多少棵树才能减少 10 亿吨的二氧化碳净排放量？最后，各植树木是否是解决气候问题的办法，或者至少是解决办法的重要组成部分？

　　要回答这些问题，我们首先需要回顾一些关于树木、森林及其与二氧化碳关系的基本事实和数据：（1）土地面积。种植树木需要土地，土地面积的常用计量单位是公顷。1 公顷等于 2.47 英亩，100 公顷等于 1 平方公里（1km²）。（2）全球森林面积。联合国粮食及农业组织（2020）估计，2020 年地球的森林总面积约为 40 亿公顷（或 4 000 万平方公里）。亚马孙雨林面积约为 5.3 亿公顷，约占总面积的 13%。（3）树木数量。1 公顷可以种植多少棵树？正如您所料，这取决于树木的类型和气候条件（包括温度、降水量及其 1 年中的变化）。据克劳瑟（Crowther）等（2015）估算，全球树木数量约为 3 万亿棵，这意味着树木密度为（（$3×10^{12}$）/（$4×10^9$））750 棵/公顷。特尔·斯蒂格（Ter Steege）等（2013）估算亚马逊雨林的树木密度较低，为每公顷 565 棵。不过，根据其他估算结果，其平均密度在每公顷 1 000～2 500 棵之间（见 http：//nhsforest.org）。在后文中，我将取这一范围的下限，即每公顷 1 000 棵树的密度。（4）二氧化碳吸收量。1 棵树每年平均吸收多少二氧化碳？答案取决于树木的类型、大小和年龄，以及森林的密度（紧密种植在一起的树木吸收的碳要少于那些种植在空地上的树木，因为空地上的树木可以长得更大）。根据欧洲环境署（European Environment Agency）的数据，1 棵成熟的硬木树每年可吸收约 22 千克的二氧化碳。①尽管并非所有树木都是成熟的，但每棵树年均吸收20千克二氧化碳是一个合理的平均值。以每公顷1 000棵树计算，每公顷森林每年可吸收（1 000×0.02=）20吨二氧化碳。

有了这些数字，我们尝试可以回答上面提出的三大问题：

（1）如果停止砍伐森林，二氧化碳净排放量会减少多少？

（2）如果我们种植新的树木来替代被砍伐的树木（恢复林地）或开辟新的林区（新建林地），每年需要种下多少棵树才能使二氧化碳净排放量减少10亿吨？

（3）植树能否为解决气候问题作出重要贡献？

1.森林砍伐

长期以来，森林砍伐一直是个问题，人类为了耕种、放牧和生产木材而开垦了大量林地。亚马孙雨林中树木的减少尤其令人担忧，而且可能很快就会达到一个"临界点"，导致树木数量永久性减少。印度尼西亚和马来西亚的森林砍伐速度也很快，主要是为了开垦土地生产棕榈油，在这些国家，大部分被砍伐的树木都被焚烧，释放出大量二氧化碳以及烟尘和微粒污染。

砍伐森林会造成许多问题。例如，改变区域降雨格局（如使干旱季节延长）；土壤侵蚀和由此造成的耕地损失；洪水频率提高；动植物栖息地丧失，有时甚至导致物种灭绝、生物多样性减少；温室气体排放增加。不过，我们在这里讨论的重点将仅限于砍伐森林对二氧化碳排放以及气候变化的影响。

在过去的10～20年间，森林砍伐速率实际上有所下降。图6-3显示了亚马孙雨林巴西部分的年毁林率，该部分约占雨林总面积的60%，即5.3亿公顷中的约3.2亿公顷。如图所示，年毁林率在2004年达到顶峰，随后有所下降，但在2015年又开始上升。2000—2019年期间，亚马孙雨林巴西部分的平均毁林率（图中横线）约为每年120万公顷（1.2万平方

---

① 见 https://www.eea.europa.eu/articles/forests-health-and-climate-change/key-facts/。

公里），约占3.2亿公顷森林总面积的0.37%。但在2015—2019年期间，每年的森林砍伐量约为80万公顷，即占森林总面积的0.25%。这与近期全球毁林率大致相同：联合国粮食及农业组织（2020）估计，2015—2020年全球森林砍伐量约为每年1 000万公顷，约占全球森林总面积的0.25%。

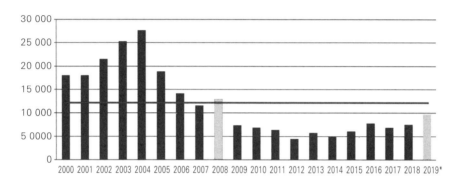

图6-3　亚马孙雨林巴西部分的年毁林率（平方公里每年，因此乘以100换算成公顷）

注：巴西部分约占亚马孙雨林总面积的60%，而亚马孙雨林又约占地球森林总面积的13%。
*为初步数据。

资料来源：Amazon Fund（2019）。

每年砍伐1 000万公顷的森林是否意味着每年损失价值1 000万公顷的树木？不，因为新的树木会抵消这一损失，其中一些树木是在废弃的农田上重新生长出来的，还有一些是每年人为种植的，用来提供木材或柴火。这些新树木取代了部分被砍伐的树木，同时也创造了新的林区。重要的是树木的净损失。如图6-4所示，在2015—2020年期间，每年净损失约600万公顷树木——也就意味着每年约400万公顷的森林增量部分抵消了约1 000万公顷的森林砍伐。

图6-4还呈现了森林砍伐量和年森林净损失量随时间的变化情况。请注意，在20世纪90年代，年森林净损失最大，几乎达到每年800万公顷。到2015年，年森林净损失量大幅下降，但在2015—2020年期间又增加到约600万公顷，这主要是由于森林增量的减少。

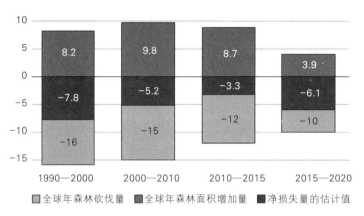

图6-4 年森林面积净损失

注：在2015—2020年期间，每年的森林砍伐量约为1 000万公顷，但其中一部分被390万公顷的森林增量所抵消，每年净损失为610万公顷。

资料来源：United Nations' Food and Agriculture Organization（2020），https://rainforests.mongabay.com/deforestation/。

未来几十年森林净损失会发生什么变化？d'Annunzio等（2015）建立了一个详细的区域森林损益模型，并预测2020—2030年这10年间森林净损失的速度将减慢。但像这样的预测存在很大的不确定性。未来的实际情况我们不得而知，但我们需要考虑森林损失（或增加）将如何影响二氧化碳排放，进而影响气候。

2.森林砍伐与二氧化碳排放

为了理解森林砍伐（与植树）对二氧化碳排放量的影响，我们需要再回顾几条事实与数据。

（1）砍伐1棵树

砍伐1棵树会对二氧化碳的净排放量造成什么影响？平均而言，1棵树每年吸收约20千克二氧化碳（见前文"（4）二氧化碳吸收量"），因此您可能会得出结论，失去这棵树将导致每年的二氧化碳净排放量增加20千克。但其实不是这样——每年增加的二氧化碳净排放量将超过20千克。为什么呢？因为这棵树在其一生中积累了大量的碳，这些碳现在以木材的形式存在。如果这棵树被烧毁（大部分树的归宿），或者倒下后随着时间的推移腐烂，积累的碳就会被氧化，以二氧化碳的形式排放。排放的二氧化碳有多少？这取决于树木的类型、大小和年龄。对于亚马孙河流域等热带森林，每棵树平均含碳量为130～145千克[①]，但其他类型的森林（如热带或温带落叶林和针叶林），含碳量则要低一些。保守的平均值为每棵树110千克碳。由于1吨碳产生3.67吨二氧化碳，这意味着每棵树含(3.67 × 110 ≈)400千克二氧化碳。二氧化碳进入大气的速度相当快，但为了测量这棵树对气温的影响，我们可以将它"摊销"10年，因此这棵树大致相当于每年额外排放（400/10= ）40千克二氧化碳。[②]再加上20千克的吸收损失，每砍伐1棵树，每年就会多产生60千克的二氧化碳。

（2）砍伐一片森林

砍掉1棵树还不算太糟，但砍掉一片森林就是另一回事了。图6-4显示，在2015—2020年这5年间，每年约有1 000万公顷的森林被砍伐，而森林面积增加了约400万公顷，两者相抵，净损失600万公顷。以每公顷1 000棵树计算，相当于每年净损失60亿棵树。以每砍伐1棵树每年产生60千克二氧化碳计算，每年的森林净损失大约增加了（60×60=）3 600亿千克，即3.6亿吨二氧化碳的年净排放量。

（3）每年砍伐1片森林

如果某1年里我们净损失600万公顷的森林，那么未来10年的二氧化碳年排放量将比其他情况下高出约3.6亿吨。这不是好事，但听上去也不可怕。问题是，我们每年都会失去约600万公顷的森林。这意味着我们每年都会额外增加3.6亿吨的二氧化碳净排放量。如果我们保持这样的森林砍伐速度，10年内我们每年的二氧化碳净排放量将增加约36亿吨，约为目前全球年二氧化碳排放量370亿吨的10%。

---

① 更准确地说是每公顷130～145吨二氧化碳，但我在这里假设每公顷有1 000棵树，同时，1吨碳将产生3.67吨二氧化碳。

② 请记住，大气中二氧化碳浓度的增加对气温的影响滞后20～50年，因此一次性向大气中注入400千克二氧化碳与10年内每年注入40千克二氧化碳的影响大致相同。此外，我还忽略了为生产建筑用木材而种植的树木；这些树木被砍伐后，碳（至少暂时）被封存起来。

（4）对二氧化碳的总体影响

上述粗略计算表明，每年600万公顷森林的净损失导致每年的二氧化碳排放量增加约3.6亿吨——约为总排放量的10%。这是一个保守的估计，因为其他研究表明，仅热带森林的砍伐就可造成约30亿吨～37亿吨的二氧化碳排放量，还不包括其他森林。[①]因此我们的结论是：森林砍伐显著影响全球二氧化碳净排放。

3.恢复与新建林地

我们知道砍伐树木会增加二氧化碳的净排放量，因此，停止砍伐并开始造林可以减少碳排放。但这样能减少多少排放量呢？要怎么做才能使二氧化碳的减少达到显著程度？

我们已经看到，在2015—2020年间，全球每年净损失约60亿棵树（600万公顷森林），这些损失可能造成约36亿吨的二氧化碳排放。因此，如果森林砍伐量能降低到完全被森林增量抵消的水平（森林净损失量为0），那么净排放量在滞后一段时间后，每年将减少约3.6亿吨。如果未来10年的森林增量与2015—2020年期间相同，那么若每年的森林砍伐率从100亿公顷减少到40亿公顷，就可以减少3.6亿吨的排放量。这个降幅看上去很大，但如图6-4所示，在过去20年中，森林砍伐率已经有所下降，因此进一步下降也许是可行的。

那么，恢复林地（在部分或全部毁林的地区植树，即重建原有森林）或新建林地（在以前没有森林的地区植树造林）又会带来什么影响呢？人工造林通过产出树木产品来减少天然森林的砍伐。目前，人工造林主要是出于商业目的，即树木产品需求驱动。但人工造林也可以吸收二氧化碳，减少净排放量。

土地的稀缺是恢复林地和新建林地的最大障碍。请记住，砍伐森林主要是为了开辟可用于农牧业目的的土地，包括放牧牛羊和其他动物，种植各种农作物，或者像印度尼西亚和马来西亚那样生产棕榈油。问题是，重

---

① 如前所述，砍伐森林可能产生的负面影响不仅限于二氧化碳排放和气候变化。

新造林意味着放弃农业用地。但有些时候砍伐森林只是为了生产木材和木浆（显然这也是不可持续的行为），在这种情况下，这些土地可能更容易开垦。

抛开成本不谈，是否有足够的土地可用于大规模植树造林，从而减少二氧化碳的净排放量？答案尚不明确。在一项较为乐观的研究中，巴斯汀（Bastin）等（2019）计算得出，近10亿公顷的土地可用于植树造林，每公顷可以种1 000棵树。如果他们的研究是正确的，那么新增的10亿公顷森林对二氧化碳排放产生的影响相当可观。如果新造林地的树木密度为每公顷1 000棵，每棵树（成材后）每年可吸收20千克二氧化碳，那么每年吸收的二氧化碳总量为（$1\,000 \times 20 \times 10^9 = 2 \times 10^{13}$=）200亿吨。这相当于全球二氧化碳排放量的一半以上。

那么，每年减少10亿吨二氧化碳排放量需要种植多少新树木呢？我们刚刚看到，10亿公顷的新森林将减少200亿吨的排放量，因此，我们需要5千万公顷的新森林才能减少10亿吨的排放量。以每公顷1 000棵树计算，我们需要种500亿棵树。

我们忽略了将大片本来可以用于其他各种用途的土地变成森林的机会成本，也忽略了支持树木生长所需的水。但这些计算表明，原则上，植树造林确实有助于减少二氧化碳的净排放量。[1]

4.植树会是气候问题的解决方案吗？

是，但并不是单单植树就能够解决气候问题。植树可能成为解决方案，是因为从理论上讲，大幅降低森林砍伐率可将二氧化碳净排放量减少约10%（还会带来其他环境和生态效益），而大规模的植树造林（约10亿公顷）可将二氧化碳净排放量减少一半。植树不可能成为解决方案，首先，因为森林砍伐一直是，而且很可能未来也是，由强大的经济力量驱动的。其次，即使只是把10亿公顷土地的一小部分变成新的森林都将是一项费用高昂的工程，很难界定谁该为此买单。

---

[1]　霍顿（Houghton，2015）也讨论了恢复林地能够对二氧化碳移除作出很大贡献，但他们同时指出树木生长需要消耗大量水资源。

那么，我们将何去何从？植树无法彻底解决气候问题，但可以帮助缓解气候问题，且应该被视为气候政策的组成部分。首先，我们应当尽可能降低近期的森林砍伐率，这将在一定程度上减少二氧化碳的净排放量，同时还能带来其他重要的环境效益。其次，我们应当在经济条件允许的情况下寻求植树造林的方案。即使是1亿公顷的新森林（仅为上述10亿公顷森林的10%），也将减少约200万吨的二氧化碳净排放量，该数值已超过现有二氧化碳净排放量的5%。

最后，必须牢记的是，二氧化碳不仅能被树木吸收，也能被其他植物吸收，特别是在沿海湿地常见的植物，包括红树林、潮汐沼泽和海草草甸等。因此，保护现有湿地、恢复乃至建立生态系统，是帮助清除二氧化碳的重要途径。

6.3.2　碳消除与碳封存

除了植树造林，还有其他一些方法可以从大气中消除碳、封存碳，从而减少二氧化碳的净排放量。简单来说，碳消除与碳封存（CRS）的两种基本方法是使用生物质发电（"生物能源"）和直接空气捕获，即从大气中或化石燃料燃烧发电厂的废气中捕获二氧化碳。[1]

有一系列应用于这两种CRS方法的技术已经或正在被开发和测试，其中大部分技术都非常昂贵，但随着企业学习曲线的下移和规模经济效益的产生，或随着技术本身的发展，这些技术的成本有望降低。

1.生物能源

树木可以清除大气中的二氧化碳，但其他植物也可以。因此，CRS的一种方法是收割不同品种的植物和藻类，从而生产出各种可以燃烧的生物质。燃烧生物质当然会向大气中释放二氧化碳，但这一过程中二氧化碳的净排放量为零，因为这些植物和藻类本来就从大气中吸收了二氧化碳。在这种情况下，燃烧生物质只是把植物吸收的二氧化碳排放回大气中，二氧

---

[1]　关于CRS的更多方法概述，详见史密斯（Smith）和弗里德曼（Fridmann）等（2017）与美国国家研究委员会（National Research Council）（2015），《经济学人》上也有一篇不错的总结：https://www.economist.com/briefing/2019/12/05/climate-policy-needs-negative-carbon-dioxide-emissions。

化碳浓度不会发生净变化。

英国约克郡德拉克斯集团（Drax）所属的一座燃煤发电厂（以下简称"德拉克斯燃煤电厂"）正在施行一项 CRS 的项目。[1]德拉克斯燃煤电厂曾经是英国最大的燃煤发电厂，但现在几乎不用煤发电。作为替代，该发电厂燃烧压缩木制颗粒形式的生物质（2019 年，德拉克斯燃煤电厂燃烧的生物质能占英国可再生能源的 10% 以上，与该国太阳能电池板所占的比例相当）。

但是，使用木质颗粒燃料不是也会带来一个潜在的问题吗？木材来自树木，因此原则上必须砍伐树木来提供木材。目前，德拉克斯燃煤电厂使用锯木厂的锯屑和其他垃圾来制造木质颗粒，从而解决了这个问题。然而，要大规模利用木质颗粒发电，锯木厂的垃圾是不够的，这意味着必须砍伐树木来生产木质颗粒。

如果从一个固定区域砍伐木材，并不断种植新的树木以保证木材的持续供应，那么木质颗粒（或其他形式的木质生物质）的生产仍然是可持续的。但是，如果要大规模使用木质生物质发电，用于种植、砍伐和再生树木的土地面积就必须非常大。目前我们还不清楚这些土地从何而来，也不清楚利用这些土地种植和砍伐树木的成本有多高。另外，也可以使用其他可自然再生形式的生物质，如藻类或农业废弃物。但同样，大规模采集此类生物质的可行性和成本有多高也是不明确的。

2.空气捕获和废气捕获

减少二氧化碳净排放量的另一种方法是空气捕获，即直接从空气中提取二氧化碳（"直接空气捕获"），或从燃煤发电厂的废气中提取二氧化碳。直接空气捕获的原理是通过化学或物理过程将二氧化碳从空气中分离出来。[2]美国西方石油公司（Occidental Petroleum）正尝试在得克萨斯州（与位于加拿大的碳工程公司（Carbon Engineering）合作）开发一家工厂，

---

[1]　见 https：//www.drax.com/about-us/our-projects/bioenergy-carbon-capture-use-and-storage-beccs/。
[2]　Sanz-Pérez 等（2016）详细描述了这一过程。

以证明直接空气捕获的可行性。西方石油公司（2020）介绍了该工厂的运营情况，称它将把捕获到的二氧化碳转化为石油，燃烧这些石油将实现净零排放（因为燃烧石油所排放的二氧化碳正好被从空气中捕获到的用于石油生产的二氧化碳所抵消）。然而该技术目前的成本非常高昂，部分原因是空气中的二氧化碳浓度太低（约0.04%）。

　　当然，燃煤发电厂释放的二氧化碳浓度要高得多，因此从发电厂的废气中捕获二氧化碳应该更容易，事实上这也是CRS最初的计划之一。设想的实行方法是使用化学方法从废气中提取二氧化碳，然后将其泵入地下深处，并存放在那里。英国约克郡的德拉克斯燃煤电厂（Drax Power Station）一直在开发这种技术，图6-5（转载自德拉克斯电燃煤厂网站）介绍了这一过程。

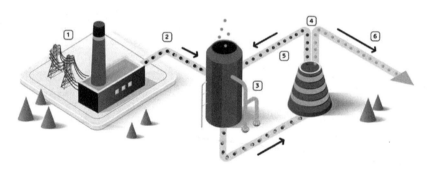

图6-5　从排放源中去除二氧化碳

德拉克斯燃煤电厂一直在开发从燃煤发电厂废气中去除二氧化碳的技术。含有二氧化碳的废气（1）经过冷却和处理（2），被送入吸收塔（3），在此二氧化碳被吸收到一种溶剂中。溶剂在锅炉（4）中加热，并分离出二氧化碳，然后溶剂被回收重新利用（5）。然后通过管道（6）将二氧化碳运送到北海海底永久储存。

资料来源：Drax Power Station，https://www.drax.com/aboutus/our-projects/bioenergy-carbon-capture-use-and-storage-beccs/.

　　这一过程看似容易，实则却包含着许多有待解决的问题。
　　首先，尽管从发电厂废气中去除二氧化碳比从空气中去除二氧化碳更容易，但目前这种方法仍然非常昂贵，而且效率仅约90%，因此仍会有一些二氧化碳逃逸到大气中。

其次，将二氧化碳泵入地下并将其永久存放在地下也很昂贵，而且如果要广泛使用这项技术，就需要巨大的地下容量。

最后，提取二氧化碳并将其泵入地下需要能量，而这一能量必须来自零碳能源，如风能、太阳能或核能。因此，无论是通过空气捕获还是从发电厂的废气中捕获，CRS都还是一项花费高昂的技术。

好消息是，大量的有关空气捕获新方法的研究正在进行中，无论是直接从空气中还是从发电厂的废气中捕获。其中一些研究可能会为我们带来更高性价比的CRS方法。即使是现有的这些技术，其成本也有可能因为规模经济效应而下降。

6.3.3 底线思维

碳消除和碳封存能在多大程度上减少二氧化碳的净排放量，从而"抵消"部分二氧化碳浓度的增长？这种应对气候变化的方法之所以有吸引力，部分原因在于它并不要求我们消除所有的二氧化碳排放，而且本身不会对环境造成负面影响。有些人认为，这可能是我们有机会完成将全球平均气温上升限制在1.5摄氏度甚至2摄氏度这一目标的唯一途径。

我们研究了森林和其他形式的植被如何从大气中吸收二氧化碳，以及砍伐森林如何增加大气中的二氧化碳，首先是由于砍伐森林会减少二氧化碳的吸收，其次是由于被砍伐树木的燃烧或自然腐烂氧化了木材中储存的碳。我们已经看到，在短时间内降低森林砍伐率就可以使净排放量显著减少，但森林砍伐是由强大的经济力量驱动的。恢复林地和新建林地也可以帮助降低排放量，但这需要大量树木和大片土地（以及充足的水资源）。值得再次强调的是，经济代价也是需要解决的问题：将土地用于种植树木的机会成本是非常高的，而且目前还不清楚谁该为大规模的植树造林买单。

尽管存在这些障碍，但树木可以帮助减少二氧化碳的净排放量，因此，保护树木应该成为气候政策的组成部分。这意味着要尽可能降低森林砍伐率，这不仅会在一定程度上减少二氧化碳的净排放量，还会带来其他重要的环境和生态效益。我们需要在经济条件允许的范围内寻求恢复林地和新建林地的方案。最后，二氧化碳也会被其他植物吸收，特别是在沿海湿地常见的植物，因此，保护、恢复并在可能的情况下新建这些湿地非常重要。

碳消除和碳封存（CRS）还有一些其他方式，如吸收和封存化石燃料发电厂排放的二氧化碳。目前已有大量的研发围绕碳封存技术展开，许多公司也正在投资开发新的 CRS 方法。但就目前而言，这些技术过于昂贵，不具备经济上的可行性。随着时间的推移，CRS 技术的成本可能会下降，其中某些技术将开始具有商业上的可行性，并可能在美国和欧洲开始大规模投入使用。但是，即使 CRS 技术的成本下降，中国、印度和目前其他的二氧化碳排放大国也不太可能大规模采用这些技术。CRS 会对减排有所帮助，但我们不可能指望依靠 CRS 以在全球范围内实现净排放量为零的目标。

6.4 延伸阅读

本章重点介绍了减少全球二氧化碳排放的重要性，以及为什么必须将其纳入一项受到监督且被严格执行的国际协议。我认为，实现这一目标最高效（即成本最低）的方法是征收碳排放税。但在可能的范围内，我们还应该尽量清除大气中的二氧化碳，从而降低二氧化碳净排放量。本章的讨论较为简短，还有更多补充内容可供读者阅读。

与大多数经济学家一样，我认为降低二氧化碳排放最高效的方法是征收碳排放税。梅特卡夫（Metcalf）所著的《为污染买单：为什么征收碳排放税对美国有利》（*Paying for Pollution: Why a Carbon Tax is Good for America*）（2019）清楚而具有说服力地阐释了征收碳排放税的理由，并解释了碳排放税是如何被设计和实行的。该书还对气候变化经济学提供了具有很强的可读性的介绍。

艾尔迪（Aldy）等（2010）和梅特卡夫（Metcalf，2009）很好地概述了如何设计和实施二氧化碳减排政策，以及在达成国际气候协议时所涉及的一些困难。

创新对于应对未来几十年的气候变化至关重要。我们需要找到新的方法来储存能源、从大气中消除并封存碳，并生产碳密集度更低的混凝土、钢材、铝和其他材料，这样的例子不胜枚举。详情可参考微软创始人比尔·盖茨（Bill Gates）最近出版的《气候经济与人类未来》（*How to Avoid a Climate Disaster*）（2021），书中对研发和创新所能为二氧化碳减排提供的帮助进行了推测性但鼓舞人心的概述。

您是否仍对核能发电心存疑虑，甚至在阅读了本书的第 6.2 节之后仍担心核能发电可能是种有风险的二氧化碳减排方式？那么，请阅读国际能源署（2019）的报告，这篇报告提供了与核能发电有关的安全和政策问题的详细论述。

源源不断出现的大量文献涉及了树木及其与二氧化碳排放的关系，以及砍伐森林带来的影响。有关毁林和森林净损失的原因、程度和影响的讨论，请参见联合国粮食及农业组织（2020）和联合国环境规划署（2020）。正如前文所述，毁林对环境和生态的负面影响远不止二氧化碳排放和气候变化；沃特森（Watson）等（2018）提供了很好的概述。有关亚马逊雨林的详情，请参见亚马逊基金（2019）。

我们对碳消除和碳封存技术的讨论只是作为简要的介绍。有关更详细的概述，请参见赫本（Hepburn）等（2019）、史密斯和弗里德曼（Smith 和 Friedmann）等（2017）与美国国家研究委员会（National Research Council，2015）。

第7章

该做什么来适应气候变化

　　碳税、对"绿色"能源技术的补贴、政府要求减少化石燃料消耗、开发和实施碳消除和碳封存方法，以及追求能源储存和其他技术，以帮助我们转向可再生能源以便减少净二氧化碳排放量，这些措施都是至关重要的，并且应继续成为气候政策的基本组成部分。但与此同时，我们必须认识到，尽管我们尽力而为，全球二氧化碳排放量仍旧不太可能减少到足以避免本世纪末气温上升 1.5 或 2.0 摄氏度。这就引出了能源政策的下一个关键组成部分——投资于适应性措施。

　　假设天气晴朗温暖，你打算在海滩上度过轻松的一天。抵达海滩时正值退潮，于是你在沙滩上放下椅子，开始读刚买的那本书。但现在潮水开始上涨，那么你该怎么办呢？如果你继续坐着读书，最终会发现自己被水淹没。所以你站起来，将椅子移到海滩上更远的地方。这就是适应。你可以预见到潮水会上涨，因此通过移动椅子来适应变化。

　　我们也可以预见气候变化，尽管我们无法像预测潮汐那样准确地预测它会带来什么。在这种情况下，气候适应意味着采取措施来应对高温和不断上升的二氧化碳浓度，或者任何由全球变暖引起的气候变化的其他影响。气候适应可包括开发能够抵抗极端温度的新作物，采取政策在易受洪水或野火影响的地区建设、修建海堤以防止洪水，以及利用地球工程学来减少不断上升的二氧化碳浓度导致的温室效应。

　　气候适应可以是私人部门的行动，即由家庭或企业采取的行动；也可以是公共行动，即由地方、州和联邦政府采取的行动；或者是两者的结合。私人气候适应的例子包括房地产开发商决定避免在容易受到飓风影响的沿海地区新建建筑物，像开利公司（Carrier Corporation）这样的企业投资于开发更便宜、更高效的空调设备，以及家庭安装此类空调设备。公共气候适应的例子包括修建防洪墙、堤坝、河堤和其他障碍物以防止海平面上升导致的洪水风险，以及各种形式的地球工程学手段。气候适应也可以包括私人和公共行动的结合，例如，某私营农业公司开发耐高温的小麦、玉米和其他谷物品种，得到了政府（如美国农业部）进行或资助的研究的支持。适应的另一个例子是迁移，无论是否涉及政府。我们已经看到人们对长期的温度变化作出反应，选择搬到平均气温较低的凉爽的地区。①

　　接下来，我将详细讨论 3 个领域是如何适应气候变化的：农业（如开发和采用替代作物、新灌溉方法和在不同地点种植）、减少飓风和海平面上升造成的损害的方法以及地球工程学措施。还有许多其他形式的气候适应，但这 3 个领域有着最成熟可行的气候适应措施。

7.1　农业领域的气候适应

　　正如前文所述，长远来看，我们对气候变化将如何影响经济知之甚少。如果全球平均气温在 50 年后上升了 3 摄氏度，那么相比气温不上升的情况，届时 GDP 会低 5%？还是 10%？我们并不知道答案。这很大程度上是因为气候变暖是缓慢进行的，有着自然适应的可能性。此外，无论气候变化的总体影响如何，不同地区和不同经济部门所受到的影响可能存在很大差异。例如，它也许对电子消费品、计算机软件和药品的生产影响很小，但它对农业产量的影响却可能大得多。这是因为农业产量极易受天气影响。极端温度（不论是冷是热）和极端降水（雨水过多或过少）会大大降低作物产量。因此，就气候变化的影响而言，农业是其中研究得最深入

---

① 例如，Mullins 和 Bharadwaj（2021）表明，美国各县之间的人口迁移对气温的长期变化有响应，但对短期变化没有响应。

的部门也就不足为奇了。

但即使在农业领域，也很难确定未来气候变化可能产生的影响。我们所面临的问题是，虽然我们可以研究天气波动是如何影响作物产量的，但我们无法由此得出气候变化的影响。"气候"一词指的是我们可以年复一年预期其平均状况的天气特征（以及天气变化的程度）。例如，迈阿密市的气候要比明尼阿波利斯市温暖潮湿得多。但是明尼阿波利斯市今天的天气可能比往年这个时候暖和得多，而且可能与几周前的天气大不相同。

任何地方的天气变化都很频繁。[1]任何地方的气候，即使有变化，也是非常缓慢的。这对农业的启示是：天气的变化——比如，异常炎热或寒冷的夏天——会影响农作物，但这可能与气候变化毫无关系。

7.1.1 数据能告诉我们什么？

现在有一个问题。我们想知道气候变化将如何影响农业产量，但要考虑到其适应气候变化的潜力。我们有大量关于不同地区农作物产量和天气（温度和降雨）的数据。因此，我们可以看到农作物产量是如何随着异常温暖或寒冷的天气而变化的，但却无法由此得知农作物产量将如何随着气候的逐渐变化而变化。

经济学家试图用两种不同的方法来解决这个问题。首先，他们试图比较不同气候地区的农作物产量。例如，我们可以比较美国一个平均温度较高的地区（比如路易斯安那州）和一个平均温度较低的地区（比如北达科他州或南达科他州）的农作物产量。如果较冷地区的产量较高，那么也许我们可以得出结论：随着较冷地区变暖（例如，北达科他州或南达科他州的气候变得更像路易斯安那州的气候），其农作物产量将下降。当然，许多其他因素也会影响不同地区的农作物产量，如湿度、土壤特征等。但我们可以尝试考虑这些差异，从而进行"所有其他因素相同"的比较。[2]

解决这个问题的第二种方法是观察相对较长时期（50年或更长时间）

---

　　[1]　尤其是在波士顿这里。据说马克·吐温（Mark Twain）曾经说过："如果你不喜欢现在新英格兰的天气，那就等几分钟。"
　　[2]　Mendelsohn, Nordhaus 和 Shaw（1994）《全球变暖对农业的影响：李嘉图分析》（*The Impact of Global Warming on Agriculture：A Ricardian Analysis*）是最早比较不同气候下不同地区农作物产量的研究之一，并试图解释可能影响产量的其他因素。

农作物产量与天气之间的关系，而不是逐年变化。例如，假设气温每年都在波动，但在 50 年里，平均气温上升了 1 摄氏度，这可能更接近于气候变化。如果在这 50 年里，农作物的平均产量下降了一些，那我们可能会得出这样的结论：气候变化是农作物产量下降的原因，且未来平均气温的升高将导致农作物产量进一步下降。[①]

　　这两种方法都是有益的，但仍然存在一个根本问题：它们没有完全考虑到农业对气候变化的适应。为了理解这个问题，假设 A 地的气候比 B 地温暖，而且平均农作物产量较低。这是否意味着，如果气候变化导致 B 地变得像 A 地一样温暖，B 地的农作物产量将下降到与 A 地目前的产量相当？这不一定，因为任何气候变化都将缓慢发生，从而给 B 地的农民时间来适应。他们如何适应？也许通过改变他们种植的作物类型（转向对温度或者天气不太敏感的作物），或者甚至开发和/或种植新的杂交作物，这些作物健壮，对温度不太敏感。[②]

　　如果对气温上升的适应在过去没有发生，我们为什么要认为未来会发生呢？因为在过去，在人们还没有广泛认识到气候变化是个真正和严重的威胁时，农民可能没有理由花费钱财（和其他资源）来适应气候变化。关键在于，当人们认为气候变化的威胁是真实和迫在眉睫时，适应气候变化的可能性更大。今天，气候变化的威胁比过去更被认为是真实和迫在眉睫的。

7.1.2　历史上的一项实验

　　那么，要想确定气候变化对农业的影响程度，以及适应气候变化将在

---

　　① 　基于 50 年以上时间变化的研究包括 Deschênes 和 Greenstone（2007）《气候变化、死亡率与适应性：来自美国天气年度波动的证据》（*Climate Change，Mortality，and Adaptation：Evidence from Annual Fluctuations in Weather in the US*），以及 Schlenker 和 Roberts（2009）《非线性温度效应表明气候变化对美国农作物产量的严重损害》（*Nonlinear Temperature Effects Indicate Severe Damages to U.S. Crop Yields under Climate Change*）。有关使用天气数据推断气候变化对农业的潜在影响的概述，请参见 Auffhammer 等（2013）《在气候变化的经济分析中使用天气数据和气候模式输出》（*Using Weather Data and Climate Model Output in Economic Analyses of Climate Change*）。
　　② 　在最近的 1 篇创新论文中，Burke 和 Emerick（2016）利用了这一事实：气候变化很大，且（在美国的各个县）差异很大；1980—2000 年间，一些县的气温下降了 0.5 摄氏度，而其他县的气温上升了 1.5 摄氏度，同一时期，各县的降水量下降或上升了 40% 之多。利用 20 年的"长期差异"，他们估计了县级农业产出对温度和降水变化的反应。他们发现，长期反应与短期反应并没有太大区别，这表明适应是有限的。但他们也承认，"如果农民在过去因为没有意识到气候变化而未能适应，但在未来他们意识到这些变化并迅速适应，那么我们的研究结果将不能很好地指导未来气候变暖的影响。"

多大程度上限制其影响，我们该如何做呢？我们想在理想情况下做一个改变气候的实验，然后看看会发生什么。（如果我们不喜欢发生的事情，就把气候恢复到以前的样子）我们无法做这样一个实验，但也许我们不需要：在某种程度上，这个实验已经做过了。

历史上，关于农业对气候变化的适应，有一个有趣且内容丰富的实验。奥姆斯特德和罗德（Olmstead 和 Rhode，2011a，2011b）的文献描述并分析了这个实验。这里所说的气候"变化"不是随时间而发生的，而是跨空间的，也就是说，跨美国的各个地区。记住，人们首先在美国东部定居，然后开始向西迁移。当他们迁移并定居在现在的中西部各州，如艾奥瓦州、伊利诺伊州、密苏里州、威斯康星州和明尼苏达州时，他们发现了什么？那里的土壤比东部的岩石土壤更容易耕种，似乎是种植小麦和玉米的理想之地。于是他们开始种植这些农作物，结果却是农作物产量很低。这是为什么呢？因为与东部相比，那里的气候很恶劣。

根据奥姆斯特德和罗德（Olmstead 和 Rhode，2011b）的文献，在19世纪50年代，美国的大部分小麦生产集中在纽约州、宾夕法尼亚州和俄亥俄州。人们向西迁移，定居下来，并试图在他们找到的肥沃得多的土地上耕种——但收效甚微。这些地区的气候与东部的气候不同。那里更加干旱，降雨量波动更大，冬天更冷，夏天更热。

我们可以做些什么来应对这些气候差异呢？正如奥姆斯特德和罗德（Olmstead 和 Rhode，2011a，2011b）的文献中记载的那样，答案是种植小麦和其他谷物的不同品系（称为栽培品种）。这些替代品种来自哪里呢？有两个主要来源：一些是已经在世界其他地区成功种植的品种，另一些是现有小麦、玉米等品种的杂交。例如，一种名为 Red Fife 的小麦品种，起源于乌克兰，于1842年（由大卫·法福（David Fife）和他的家人）引入北美；另一种名为 Turkey 的品种，原产于俄罗斯，于1873年被引入北美。[①]

---

① 这些品种以各种方式被引入北美。例如，像奥姆斯特德和罗德（Olmstead 和 Rhode，2011a）的文献中阐述的那样，"据记载，1873年从俄罗斯南部迁移到美国堪萨斯州的德国门诺派教徒（German Mennonites）引入了 Turkey 这一小麦品种……此外，在前往堪萨斯州之前，门诺派教徒精心地挑选了适合新土地的优质种子。"

这些品种和其他品种相比对中西部的极端气温有更强的抵抗力，使农民能够适应看起来很恶劣的条件。在美国，政府也发挥了重要作用。他们测试、培育了这些品种，并试验了新的杂交品种。[①]

在19世纪50年代，大部分小麦产于美国东部。后来人们搬到中西部，但由于更极端的气温，那里小麦产量很低。其适应气候的形式是种植新品种和培育杂交种。

在过去的两个世纪里，农业产量的增长很大程度上依赖于技术变革。与诺曼·博洛格（Norman Borlaug）等人的工作相关的"绿色革命"（green revolution）有着巨大影响，但直到20世纪50年代"绿色革命"才开始。然而，从19世纪30年代起，技术便开始推动农业生产力的提高。正如前文所述，这种技术变革很大程度上是在开发和采用新的、更耐寒的谷物和其他植物品种。但它也表现为灌溉、化肥、杀虫剂的改进，以及种植、收割的机械化（奥姆斯特德和罗德（2008）记录了农业技术变革的历史）。农业技术的进步仍在继续，这将是适应未来气候变化的基础。

7.1.3 未来会发生什么？

没有食物，我们就无法生存。因此，面对未来一个世纪气候的变化，农业将会发生的改变至关重要。与任何其他经济部门相比，农业产出对天气变化异常敏感，因此似乎极易受到气候变化的影响。但是，由于气候变化缓慢，适应气候变化的潜力可能会缓和农业对气候变化的脆弱性，并限制任何不利影响。

为应对气候变化，我们该期望农业采取何种方式、多大程度的适应呢？如果气候变化剧烈，如果夏季气温大幅上升、冬季气温下降，如果干旱变得更加严重、更加频繁，农业产量是否会大幅下降，导致食品价格大幅上涨？或者我们将见证农业对气候变化的适应，从而减轻其影响？我们是否会看到农民对气候变化的适应：他们会改变种植的品种、种植的时间

---

① 例如，奥姆斯特德和罗德（Olmstead和Rhode，2011a）的文献如此写道，"堪萨斯州的定居者试验了东部各州常见的软冬小麦品种，但这些小麦在寒冷的冬季和炎热干燥的夏季是不可靠的。堪萨斯农业试验站（AES）的试验证明了Turkey品种的优势，并有助于推广这种小麦。1919年，在内布拉斯加州和堪萨斯州，Turkey品种的小麦占小麦总种植面积的80%以上，近70%……在科罗拉多州和俄克拉何马州。"

和地点？看到企业对气候变化的适应：它们会开发出蔬菜、水果的新杂交品种，以适应更恶劣的气候？看到政府对气候变化的适应：它们会出资支持相关研究，推动探索新的杂交种子和更好的灌溉方法，并且在研究成功后，对这些新技术的采用予以补贴？

这些对气候变化的适应极有可能出现，毕竟，这是我们过去所看到的。但是，适应气候变化的程度以及气候变化对农业的总体影响很难预测。事实上，由农业的例子可知，要更为广泛地预测气候变化对经济的影响是十分困难的。在这一点上，只能说，对气候变化的适应可以大大减少气候变化的影响，所以我们应该尽我们所能，促进和加速技术变革，使适应气候变化成为可能。

7.2 飓风、暴风雨以及海平面上升

除了其他影响外，全球变暖还可能导致广泛的洪涝灾害。这可能是源于高温对飓风和暴风雨频率和强度的影响，以及对海平面的影响。随着温度升高，飓风和暴风雨可能变得更具有破坏性，这是因为更温暖的空气为它们提供了更多能量。同时，升高的温度会导致海平面上升，因为海水在变暖时体积会增大，并且可能会导致冰川融化和破裂。那么，我们是否应该预期洪涝灾害的范围会增加？增加的程度会是多少？

第一个问题的答案是肯定的，我们预期洪涝灾害的范围应该会扩大。全球变暖将导致飓风的频率和强度有所增加，并且海平面有所上升，这两者都可能导致洪水。但是，对于第二个问题——洪涝灾害增加的程度——我们尚不清楚。

为什么我们尚不清楚呢？首先，回想一下第5.4节，关于海平面可能上升的幅度存在着很大的不确定性。这当然部分取决于温度增加了多少，但即使我们能够准确预测未来几十年全球平均温度，海平面会如何变化仍然存在相当大的不确定性。同样，即使我们能够预测温度会增加多少，我们仍然不知道飓风会因此变得多么频繁和强劲。更糟糕的是，我们自始至终就无法预测温度会增加多少。因而，归根结底，我们不知道在未来几十

年洪涝灾害会变得更加普遍和成为更大问题的程度。此外，洪涝灾害的威胁在世界各地的差异很大。比如说，在加拿大中部，洪涝灾害就不像在孟加拉国和东南亚低洼国家那样令人担忧。[①]

既然我们不知道海平面、飓风和暴风雨会发生什么变化，我们也不会知道洪涝灾害会变得多么严重，那么我们是否应该坐视不管，放松心态，静观其变？恰恰相反。与整体气候变化一样，正是不确定性促使我们立即采取行动。不确定性会创造保险价值。你不知道自己的房子是否会，以及何时会遇到洪水，但这并不意味着你就不需要购买洪水保险。洪涝灾害可能会使你的境况略微恶化，也可能会大幅恶化。我们不知道究竟会发生哪一种，但正是存在后一种情况的可能性，我们才需要做足准备。

在涉及海平面的问题上，计划应对最坏的情况尤为重要。海平面可能只会略微上升，也可能会大幅上升，而立即采取行动便可以保护我们免遭后一种情况的严重后果。我们可以采取哪些行动呢？建造海堤或堤坝就是其中的例子，但我们还将介绍其他应对措施。

7.2.1 洪涝及其影响

海平面上升和更强大的飓风将使得洪涝灾害更有可能发生，尤其是在沿海地区。我们不知道情况会变得多么严重，因此我们力所能及的就是考虑一些可能性，然后思考如何在最坏情况下保护自己。

有哪些可能性呢？有几项研究根据不同的温度情景对海平面上升的范围和全球影响进行了预测，但得出了多种多样的估计结果。[②]这一范围反

---

① 这对于那些可能最终被淹没的岛国尤其是个问题，比如南太平洋的马绍尔群岛、汤加和瓦努阿图。关于这些和其他小岛国家的脆弱性概述，请参阅三村信男（Mimura，1999）的研究。

② 例如，Hinkel等（2014）以土地和其他资本的预期年损失以及预期受洪水影响的人数来衡量洪涝风险，并认为在没有适应措施的情况下，到2100年全球人口的0.2%~4.6%可能每年受洪水影响，全球国内生产总值的预期年损失为0.3%~9.3%，而全球平均海平面上升为0.25~1.23米。Lincke和Hinkel（2018）在Hinkel等（2014）的基础上发现，在5种不同的温度情景下，沿海适应措施在经济上是合理的，海平面上升范围为0.3~2.0米。他们发现，全球13%的海岸线，即全球沿海人口的90%所在地区，所有情景下的沿海保护都是经济可行的。而Jevrejeva等（2018）预测，到2100年，2.0摄氏度的升温将导致海平面上升0.63米，并且（没有适应措施的情况下）全球年洪涝灾害损失达11.7万亿美元（占全球GDP的13%），而3.5摄氏度的升温将导致海平面上升0.86米，年洪涝灾害损失达14.3万亿美元（占GDP的16%）。有关美国洪涝的类似研究，请参阅Hauer，Evans和Mishra（2016），有关欧洲的研究，请参阅Vousdoukas等（2017）。Desmet等（2021）对未来200年的全球洪涝风险进行了区域性预测，并考虑了适应措施和没有适应措施的情况。

映了用于得出估计的不同模型，但也反映了我们在海平面和损失方面面临的底层不确定性。从这些研究中得出的一个总括性结论是：存在严重洪涝灾害和重大损失的可能性，我们需要相应地为此做好准备。

有哪些适应措施可以降低洪涝灾害的可能性和/或影响呢？我们可以从已经发生的大规模适应措施中汲取灵感——早在气候变化问题出现之前，这些措施就已经存在。洪水在世界上许多地方长期以来一直是一种威胁，因此出现了多种适应措施。例如，堤坝（dikes）和防洪堤（levees）已经使用了很多年，用于防止暴风雨和飓风引发的洪水，并保护处于海平面以下的土地免受水淹。

一种早期的适应措施是荷兰的防洪系统，该系统始于13世纪时首次大规模修建的堤坝。[①]随着时间的推移，用于建造荷兰堤坝的材料发生了变化（18世纪初使用木材，但现在堤坝主要由沙子构成内核，表面覆盖着黏土以提供防水和抵御侵蚀的功能），但如果没有这些堤坝，荷兰的大部分土地将被水淹没。

同样，新奥尔良的防洪系统始于法国人在1717—1727年期间修建简单的防洪堤，该防洪堤用以防范密西西比河的洪水。如今，该系统拥有192英里的防洪堤和99英里的防洪墙，一侧保护城市免受密西西比河的洪水侵袭，另一侧保护免受庞恰特雷恩湖（Lake Pontchartrain）的洪水侵袭。与之类似，威尼斯长期以来一直受到暴风雨的威胁，如今，其部分地区已经得到了1987年开始实施的防洪系统的防护，其中包括洪水闸门。这种适应洪涝威胁的措施在全球范围内已经持续了很长时间。例如，虽然过去150年欧洲面临洪水的城市总面积增加了约1 000%，但因洪涝造成的人员死亡以及造成的经济损失占GDP的百分比却显著降低；全球范围内也都出现了类似的减少洪涝脆弱性的趋势。[②]

---

① 荷兰最早的堤坝出现在7世纪。堤坝一词最初是荷兰语（以及其他日耳曼语系语言）的一个词，意思是为防止海水泛滥而修建的长墙或堤岸。想了解荷兰堤坝历史的简要介绍，请访问http://dutchdikes.net/history/。

② 请查阅下列文献获取有关欧洲洪涝数据：Paprotny等（2018）。全球洪涝趋势的数据来自于：Jongman等（2015）以及Jongman（2018）。

7.2.2 对洪涝的物理屏障

堤坝、防洪堤和海堤在世界上许多人口密集的地区仍然被广泛使用以应对洪涝灾害。例如，在美国，大约有 23 000 公里或总海岸线的 15% 采取了这种加固措施。[①]这种海岸线保护主要采用防洪堤，较少采用海堤。

不像防洪堤，海堤几乎总是沿着海岸线平行建造，防止海浪侵蚀海岸线。过去，它们的主要功能是减少侵蚀，但现在，它们更多地被视为对抗沿海洪水的防御措施。海堤的主要优势是它形成了坚固的沿海防御，因此可以在很大程度上防止沿海洪水的侵袭。海堤所需的空间也较少，尤其是如果采用了垂直海堤设计。此外，海堤不需要延伸到水面上方；它可以完全被淹没，但仍能阻止风暴潮的涌入。

海堤的主要缺点是成本高。为了达到相同的防护程度，修建海堤的成本可能要高得多。同时，海堤也可能会破坏湿地和潮间带海滩等海岸线栖息地。计划围绕曼哈顿南部修建的海堤就是一个例子——它将防止类似2012 年飓风桑迪期间风暴潮引发的洪水（见图 1-4）。2016 年，最初为该项目分配了 1.76 亿美元的联邦资金，后来计划扩大到近 10 亿美元。但到2020 年，预计成本已经达到了 1 190 亿美元，而该项目至少现在已经被暂时搁置了。

最主要的问题在于这些屏障系统的修建和维护成本高昂，特别是如果它们要被设计成能够防护几乎任何可能等级的暴风雨或飓风。2005 年8 月，飓风卡特里娜（Katrina）淹没了新奥尔良的防洪堤系统，并使得该市 80% 的地区受到洪水侵袭。如果防洪堤建得更高，这座城市可能会免于受灾，但是这么做的成本会更高。因此，堤坝、防洪堤和海堤的问题在于它们应该建得多高、多坚固，以及它们是否值得花这么多钱来建造。

---

① 参阅 Gittman 等（2015）。美国国家海洋和大气管理局（NOAA）官方给出的美国海岸线总长度为 95 471 英里，约合 154 000 公里。这包括夏威夷、阿拉斯加、海上岛屿和五大湖的海岸线。

从某种程度上讲，这是个成本效益分析的问题，但也是个不折不扣的难题。建造堤坝或海堤的成本取决于其拟提供的防护程度，而这又可能取决于其位置、高度和使用的工程技术。在给定一种技术和想要达到的防护程度的情况下，这个成本可以进行大致估算。而建造堤坝或海堤的好处在于它可以预防的损害，包括生命损失，但是估计这种好处的货币价值是很困难的。这个问题与预测气候变化损害的问题类似。正如第3.4.2节所讨论的，我们缺乏理论依据或数据来确定，举个例子说，温度增加3摄氏度会造成多大经济损失。在涉及洪水方面，我们拥有更多的理论和数据可以参考，但仍然存在很大的不确定性。没有人能够预测到2005年8月卡特里娜飓风的到来及其强度，更不必说它对新奥尔良的影响。此外，气候变化意味着2005年或2020年可能适用的风暴潮统计数据在未来几十年可能不再适用。①要计算出特定物理屏障的最佳高度和技术，我们需要确定适用于未来情况的风暴和风暴潮的统计数据，这无疑是一项艰巨的任务。

尽管存在这些困难，人们仍然一直在努力开发模型，以帮助进行这类成本效益分析，或者至少制定政策的经验法则。例如，堤坝应该有多高？通常会估计一种高度，预计该高度的堤坝每年有一定概率失效。在美国，通常的政策是为堤坝选择的警戒水位高度预期在任意给定年份仅有1%的概率被达到或者超过。

当然，如果海平面上升，飓风变得更加强大，那么所需的警戒水位将会比现在更高，堤坝也必须相应地增高。②已经有证据表明，这个1%的关键水位已经显著增加。例如，在2017年8月，飓风哈维（Harvey）在得克萨斯州造成了68人死亡和1 250亿美元的损失，这已经是该州连续3年遭遇的第三次所谓"500年一遇"的洪水事件。③

---

① 物理屏障是为了未来的保护而建造的，在2050年的某些地点。例如，10米风暴潮的年概率可能与今天的概率不同。例如，参阅Ceres、Forest和Keller（2017）的研究。
② Ward等（2017）基于全球洪涝风险模型，对河流洪涝减灾措施进行了成本效益分析，而Ward等（2015）指出了这一风险模型的局限性。van Dantzig（1956）是最早分析岸线涝灾预防措施的成本效益的研究之一。
③ 若想详细了解飓风哈维的形成和演变过程及其造成的损失，参阅Blake和Zelinsky（2018）相关资料。

7.2.3　对洪涝的天然屏障

建造物理屏障是对洪涝威胁的重要适应形式，但请记住，大自然已经提供了各种形式的洪水防护。这些自然屏障包括沿海湿地，它们可以缓冲风暴潮。从沙丘到海滩，从牡蛎到珊瑚礁和海洋植被，它们都可以阻碍离岸波浪并减弱波浪能量。但是，其中一些自然屏障已然遭受侵蚀，并正在受到房地产开发的侵害。扭转这些趋势并增强现有的自然屏障是应对气候变化的另一种方式。

应对不断增加的洪涝风险的自然解决方案包括扩大自然河漫滩、保护和扩大湿地、恢复珊瑚礁以及投资于城市绿地以减少径流。越来越多的研究表明，通过创造和恢复生态系统提供洪水防护，相较于某些其他工程选项能提供更可持续、经济高效和环保的替代方案。[①]研究发现，海堤和防洪堤等海岸硬化措施通常会对鱼类和野生动物栖息地造成不利影响。例如，海堤可能扰乱海龟筑巢栖息地，阻止沿海湿地向内陆迁移，并限制自然沉积物的堆积。

堤坝和防洪堤的建设可以与开发自然屏障相结合。这些方法主要适用于城市化地区与海岸线之间有足够空间的地区，以容纳能够减少风暴潮的生态系统。[②]通过这种方式开发和增强自然屏障还可以提供额外的好处，例如改善水质、增加渔业产量和提供娱乐活动。[③]

滕默曼（Temmerman）等（2013）研究发现，对于位于河口或三角洲地区的城市（如新奥尔良和伦敦），在城市和海洋之间创造或恢复大型潮汐湿地或红树林提供了额外的水库区，可以减缓水流速度。这减弱了风暴潮向陆地的传播，并降低了人口密集地区的洪水风险。而对于处在沙质海岸线后的城市，如荷兰的阿姆斯特丹、科特迪瓦的阿比让和尼日利亚的拉各斯，海滩和沙丘屏障是抵御沿海洪水的关键防线。恢复和

---

① 参阅以后文献：Jongman（2018），Temmerman 等（2013），Reguero 等（2018）。此外，想了解自然解决方案应对洪涝威胁的概述，请参阅 Glick 等（2014）。
② 请参阅以后文献：van Wesenbeeck 等（2017），Temmerman 等（2013）。这些文献可能提供更多关于自然屏障开发和增强的相关信息。
③ 在像纽约、新奥尔良、上海、东京和荷兰等地，河流三角洲和河口湿地被开垦并变成了有价值的农业、城市和工业地区。然而，这导致了这些湿地原本提供的自然洪水防御能力的减弱。请参阅 Temmerman 等（2013），他们总结了各种自然适应策略以及它们可能适用的地方。

增强这些屏障可以是应对海平面上升和飓风增强带来的洪水威胁的有效
方式。①

7.2.4　私人和公共部门适应举措

家庭和企业可以通过各种方式适应洪水威胁。最简单的，房地产开
发商和潜在的购房者可以避免在易受洪水威胁的地区建造或购买房屋，
因为随着海平面上升和飓风加强，这些地区将变得更加脆弱。这似乎是
应对气候变化的显而易见的答案，那么为什么我们仍然看到在这些脆弱
区域有大量的建筑活动？一个原因是政府补贴起到的保险作用使这在经
济上可行。这个问题和政府提供或补贴洪水保险的方式所需的改变将在
后文讨论。

抛开新建筑不谈，许多人面临的事实是他们的房屋已经容易受到洪水
威胁。他们能做些什么来应对呢？个人可以通过各种方式安装系统来保护
他们的房屋免受洪水侵害。可能的策略包括建造法式排水沟（French
drain，一条包含有孔管道的沟渠，沿着房子的地下室周边延伸，将地下
水从房基中移出），和一个或多个汲水泵，以抽出任何可能的积水。法式
排水沟和汲水泵组合的示例如图7-1所示。任何地下水都被引导到汲水泵
而不是进入地下室本身，并从房子里抽走。

家庭和企业还有很多其他方式可以降低其易受洪水威胁的程度，包括
提升房屋高度、使用防水膜和防水门、"湿式防洪"（将电源插座移到墙上
更高的位置，并使用可以吸水而不会被破坏的家具）和建造防洪墙等。许
多房主不知道这些选项或错误地认为它们比实际上更昂贵，因此政府有必
要承担起提供信息、改进建筑规范并（在允许的条件下）补贴改造房屋和
建筑成本的角色。②

购买洪水保险似乎也是一种显而易见的应对洪水威胁的手段。问题在
于这种保险的价格和提供方，使其变得有些复杂。

---

①　Narayan 等（2017）认为，在美国，自然湿地预计为纽约市在飓风桑迪中减少了约
6.25亿美元的损失，而盐沼湿地则为新泽西州海洋县巴尼加特湾减少了16%的年均洪水损失。
②　关于改进建筑规范和改造房屋的完整方法，可参考国家建筑科学研究所（National In-
stitute of Building Sciences，2019）。

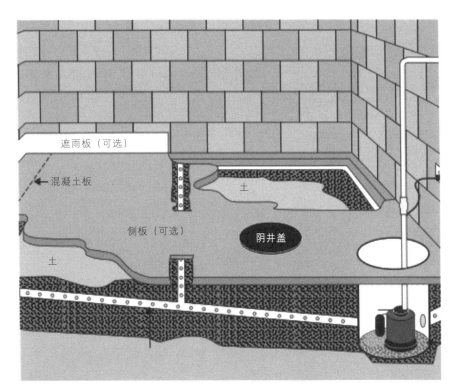

图 7-1　法式排水系统及抽水泵示例

注：地下室周围有一个含有穿孔管的沟渠，将地下水从地基中引开流向污水泵，然后被抽出房屋。

资料来源：https://www.aridbasementwaterproofing.com/solutions。

7.2.5　洪水保险

房主可以购买，并且也确实会购买洪水保险，但对于大规模洪水，政府通常至少会提供部分保险。实际上，由于"尾部风险"，即极端事件可能导致巨大损失的风险，社会通常需要某种形式的政府支持。私人保险公司可能无法或不愿承担这种灾难性风险的后果，并限制愿意提供的保险金额。①

---

① 一个例子就是荷兰政府提供的洪水保险。如果没有任何洪水抵御措施，荷兰的很大一部分都会被水淹没。超过60%的荷兰人口住在易受洪水侵袭的地区。就像吉杰和巴里厄（Jongejan 和 Barrieu，2008）所指出的，堤坝和其他防洪措施失效所导致的洪水影响深远且低频出现，很难对其投保。

　　政府可能扮演什么角色？政府目前以多种方式为大规模灾难提供财务补偿，最简单的是直接财政支持。[1]同样，在联邦或州一级，政府可以建立赔偿基金，为自然灾害的受害者提供部分赔偿（例如，加州地震管理局（California Earthquake Authority）提供的保险和佛罗里达飓风巨灾基金（Florida Hurricane Catastrophe Fund）提供的保险）。政府还可以强制要求投保与其他第一方保险政策相关联的洪水（和其他自然灾害）保险[2]，建立公私合作关系以扩大保险覆盖的范围（例如美国的国家洪水保险计划（National Flood Insurance Program））。

　　在美国，由联邦紧急事务管理局（FEMA）管理的国家洪水保险计划（NFIP）是该国主要的洪水保险来源。NFIP在超过22 000个社区中拥有超过500万份保单，每年收取约46亿美元的保费和附加费。在参加NFIP的社区中，如果房产位于FEMA宣布为高洪水风险区域的地方，房主必须购买保险（社区选择参加FEMA的计划是为了有机会获得联邦洪水保险，但作为回报，它们必须制定最低的河漫滩标准）。

　　问题在于NFIP（或任何其他政府保险计划）应该收取多少保费？你可能会认为，预期索赔相等的精算公允价值是合适的。大致而言，这意味着保费等于索赔的可能性乘以索赔时将支付的金额。目前，美国海滨房屋的保险费远低于其精算公允价值，从而为易受洪水影响的地区的建筑活动提供了补贴。根据第一街基金会（First Street Foundation）2021年的一项研究，为了反映精算公允价值，平均保费必须增加4倍。那么政府为什么不提高保费呢？因为这将惹恼不希望保险费用上涨的房主——他们会投票。这也会惹恼地产开发商——他们通过政治捐款影响政策。

　　使问题更加复杂的是，我们通常无法计算出适当的精准公允价值。这种计算需要知道索赔的可能性和相应的支付金额，但我们在处理大规模的"百年一遇"的洪水时并不知道这些数字（这就是私人保险公司不愿承担

---

[1]　例如，2002年8月，连续1周的大雨在欧洲多地导致了洪水，特别是德国。对洪水损失的补偿受到政府灾后赈灾及重建基金的资助。这一资助（Sonderfonds Aufbauhilfe）达到了71亿欧元，占直接损失的78%。
[2]　一个例子是法国自1982年实行的将灾难保险与火灾保险绑定的政策，详见马尼昂（Magnan，1995）。

这些风险的原因）。此外，人们认为政府理应提供灾难救助。结果就是，政府提供的全部或部分保险往往会为易受洪水影响地区的建筑活动提供补贴。

在美国，联邦政府覆盖了约70%大规模暴风雨和洪水的恢复成本，这就是为什么许多家庭和企业在易受洪水影响的地区建造的原因之一，如果没有这些补贴，他们可能不会建造。[①]您可能认为NFIP和相关的政府援助计划主要是为了帮助贫困人口，但本·沙哈尔和洛格（Ben-Shahar 和 Logue，2016）的分析表明，这些补贴已经不成比例地流向更富裕的家庭，他们比穷人更有可能拥有海滨房屋。

目前，美国和其他地方的经济激励措施鼓励了在易受洪水影响地区的建造，因此改变这些激励措施是应对气候变化可能带来的暴风雨和海平面上升的合理选择。当然也可以采取其他行动：一定程度上，通过区划法规和建筑法规来限制高风险地区的土地利用或规定某些建筑规则以防御洪水也是可行的。这些法规通常很弱，加强它们将有助于防止在易受洪水影响地区的建造活动。

沿着这些思路改变经济激励措施似乎是一个必然的选择，但在政治上却很难实现，因为开发商从补贴和宽松的区划法规中受益，而选民不想看到他们的保险费上涨。许多气候政策方面的问题都很困难，但仍是必要的，因此无论如何，政治困难将不得不被想办法克服。

最后，前文强调了洪水风险，但气候变化的另一个影响可能是干旱导致更大的野火风险。美国西部已经出现了野火频率和严重程度的提高。你可能认为，因为这一点，在高火灾风险地区建造的住房将更少。但相反，更多的住房正在这些地区建造。为什么？部分原因是，在美国，建筑活动会通过公共消防支出获得补贴。[②]通过要求房主（或建筑商）至少支付这些支出的一部分来取消补贴，将是一种帮助我们应对越来越高火灾风险的

---

① 戈尔（Gaul，2019）估算出美国大约在国内受洪水威胁最大的地区建造了价值约3万亿美元的房屋。
② 贝利斯和布姆豪威尔（Baylis 和 Boomhower，2019）估算这些补贴的现值超过了房屋价值的20%。

方式。

7.2.6　亚洲的洪水风险

　　许多国家，特别是美国，可以采取各种措施来应对上升的海平面和强烈的飓风，并降低面对洪水的脆弱性。堤坝和水闸长期以来一直被用来防范原本会被淹没的地区发生洪水，海堤虽然建造成本高昂，但可以用于保护沿海城市免受洪水影响。同样，海岸湿地、沙丘和珊瑚礁等可以提供风暴潮保护的自然屏障可以得到加强（至少应得到保护）。住房和建筑物可以采用法式排水沟、汲水泵和防洪墙等措施来降低其面对洪水的脆弱性。通过洪水保险定价使其具有公平性，政府可以中止对那些可能会发生洪水的地区建造房屋和建筑物的补贴。

　　然而，对于一些国家，应对洪水风险更为困难，在亚洲尤其如此。孟加拉国便是其中一个例子，它位于平坦低地上，大部分地区海拔仅为5米左右。撇开海平面上升的影响，该国每年都受到引发洪水的季风和突然来袭的气旋的困扰。2019年，孟加拉国约有130万户住房因洪水受损。如果海平面显著上升，孟加拉国的洪水将变成灾难性的。该国在过去的20年中已经通过在有限的海岸线上建造气旋避难所和海堤取得了一些进展。但是，虽然这些应对措施有所帮助，却远远不够，并且有些已经失败。一个例子是建造"Polders"，这是由土堤围起来的低洼土地。"Polders"在防止洪水和盐度侵入以及保护人民和庄稼免受气旋影响方面已被证明行之有效。然而，它们提供的保护是有限的，如果不经常进行维护，很容易因为侵蚀而迅速退化。

　　许多亚洲大型沿海城市都面临海平面上升带来的洪水风险，例如中国香港和新加坡的新加坡市。这两个城市历史上一直依靠开发城市排水系统来处理暴雨期间产生的大量地表径流。这在一定程度上取得了成功，但成本高昂，并且这些排水系统不可能承受海平面上升1米或更多所带来的影响。雅加达是另一个深受洪水困扰的城市，这主要是因为城市发展不受控制和排水系统不良（这个城市实际上正在下沉）。印尼政府已经开始建造所谓的"巨型海堤"，以防止未来的洪水，但完成日期和最终效果尚不清楚。

关于全球沿海城市洪水风险的研究发现，亚洲港口城市最容易受到海平面上升的影响，并且最可能遭受大规模经济损失。例如，乌勒加特（Hallegatte）等（2013）估计，在适度的海平面上升条件下，到 2050 年为止，在 20 个最有可能因洪水而遭受经济损失的城市中，有十多个是亚洲沿海城市[①]，其损失可达 GDP 的 1% 左右。这些城市的适应计划主要通过某种形式的物理屏障实现，但对于一些城市来说，所能依靠的政府资金有限。

7.2.7　我们能期待什么?

我们已经看到，一些简单而便宜的方法可以应对洪水风险，但在某些情况下，适应将会是困难且昂贵的。我们可以期待在哪些地方看到相当大的适应性（也就是较小的洪水潜在损害），在哪些地方适应会遇到更大问题?

适应洪水风险最简单、最便宜的方法是停止对我们知道可能会发生洪水的地区建筑物的补贴。这不应该有争议：如果富人想在可能被下一次飓风冲走的地方建造海滨度假屋，那很好，但难道我们真的认为让纳税人为这些住房买单有意义吗（开发商和富裕的房主可能会说是，但希望这只是少数人的观点而不会主导气候政策)?

下一步更为昂贵，但也同样重要：我们需要修复和加强现有的堤坝系统，如新奥尔良周围的堤坝系统（这可以被视为基础设施投资的一部分）。我们需要规划并开始在易受攻击的城市周围建造海堤，在美国，这些城市从纽约和休斯敦等大城市到南卡罗来纳州查尔斯顿和弗吉尼亚州诺福克等小城市都有。对于一些城市来说，现有的海堤需要加强（例如，泰晤士河堤坝当前保护伦敦免受洪水影响，但如果海平面显著上升，它将失效）。在可能的情况下，我们还需要保护和增强海岸洪水的自然屏障。

但在世界上某些地方，适应将会更加困难，接下来要采取的步骤也不那么清晰。上面讨论的亚洲沿海城市就是一个例子。更极端的例子是那些可能完全被淹没的小岛国家，如果海平面上升足够高，就会发生这种情况。

---

① 这些城市包括广州、孟买、加尔各答、福冈、大阪-神户都会区、深圳、天津、胡志明市、雅加达、清奈、湛江、曼谷、厦门和名古屋。其中，雅加达尤为脆弱。

对于这些小岛国家来说，除了人口迁移外，也许根本没有其他的应对措施。

7.3 太阳能地球工程

　　海平面上升、飓风频次增加都可能导致潜在或实际的洪水泛滥，而我们已经讨论了各种途径来减少其影响。海墙、堤坝及相关措施可以应对气候变化的一些有害影响。另一种适应途径——太阳能地球工程——则截然不同，它可以减弱大气中二氧化碳增加所产生的增温效应。太阳能地球工程可以通过不同的方式实现，但被认为最有前景的方法非常简单，即在大约20千米或7万英尺的高空向大气层"播种"硫磺或二氧化硫。这些"种子"将在大气中停留长达1年的时间，之后它们将以硫酸的形式析出并落回大地（因此，必须定期重复"播种"）。在大气层中，这些微粒会将阳光反射回太空，从而减少温室效应。

　　请记住，大气中的所有二氧化碳都将继续存在于其中。二氧化硫唯一的作用是使大气层反射更多的阳光，从而减少一部分二氧化碳的增温效应。用专业术语来说，这些二氧化硫增加了地球大气的反照率，即反射率。[①]

　　太阳能地球工程看似昂贵，其实不然。诚然，由于二氧化硫最终会以硫酸的形式从大气中降落下来，我们需要以1年1次甚至更高的频率重复"播种"。但"播种"本身的成本很低。低成本还带来了另一个优势：它在一定程度上消除了使减排变得如此困难的"搭便车"问题。像印度这样的国家可以"免费搭乘"其他国家减排的"顺风车"，而不用（以高昂的成本）承担其减排责任。而且，由于太阳能地球工程成本低廉，不需要所有——甚至大多数国家——的参与，只需几个国家就能有效地完成。

　　这种太阳能地球工程的实现方法是使用硫磺或硫化合物来进行大气播种，这通常被称为"平流层气溶胶注入"（stratospheric aerosol injection，

---

① 反照率的范围是0~1，0表示无反射率（所有光线都被吸收），1表示完全反射率（没有光线被吸收）。据估计，地球大气层的平均反照率约为0.30。

SAI）。但也有人提出了其他方法，这些方法使用其他气溶胶，方式也不同（见图7-3）。例如，"海洋云增亮"（marine cloud brightening，MCB）就将海盐或相关化合物播撒在海洋上空的低空云层，目的是提高云层的反射率。另一种方法是"卷云变薄"（cirrus cloud thinning，CCT），通过向高空卷云播撒气溶胶来降低其密度，从而让更多的热量逃逸回太空。虽然其他方法都很有趣，但SAI被认为是迄今为止最可行的方法，因此我将在这里重点介绍它。[①]在2014年和2018年的报告中，IPCC认为太阳能地球工程很有前景，但也指出了其成本（将在后文讨论）目前存在不确定性（IPCC使用的术语是"太阳辐射管理"，而不是"太阳能地球工程"）。

太阳能地球工程很少被视为解决气候变化问题的万灵药。首先，它有一些潜在的问题。虽然太阳能地球工程可以减弱大气中二氧化碳增加所导致的增温效应，但它并不能减少二氧化碳本身的增加，因此二氧化碳浓度还会继续升高。这是一个问题，因为额外的二氧化碳很有可能导致全球海洋酸化（如后面所讨论的）。此外，除非同时减少二氧化碳的排放量，否则大气"播种"就得无限期地持续下去，因为一旦停止"播种"，全球平均气温就会上升。

鉴于大气"播种"必须无限期地进行下去，地球工程在很大程度上被视为全球变暖的一种临时且不完全的解决对策。它可能被采用以使气温上升的幅度降低1～2摄氏度，但最终会被淘汰，其替代对策是实现二氧化碳净排放量的大幅减少。因此，在后文中，我将探讨如何利用该技术将原本会出现的升温幅度降低1摄氏度。

7.3.1 它是如何工作的？

研究最深入且目前看来最实用的方法是在平流层中形成硫酸（H_2SO_4）云（如图7-2所示）。这团云能够通过阻挡阳光来减少辐射强迫，从而降低大气中二氧化碳排放增加导致的增温效应。这种作用与大型火山爆发后

---

① 其他被提出的方法还包括天基反射器、对流层气溶胶以及提高农作物或其他土地覆盖物的反射率。不过，这些方法目前被认为可行性较低。参见克拉维茨和麦克马丁（Kravitz 和 Mac-Martin，2020）以及美国国家科学院、工程学院与医学研究院（National Academies of Sciences，Engineering，and Medicine）（2021）。

的情况类似，火山爆发会向高层大气喷出大量二氧化硫。事实上，大规模
火山爆发（如1991年的皮纳图博火山）曾导致全球平均气温显著下降
（但只是暂时的）。[①]

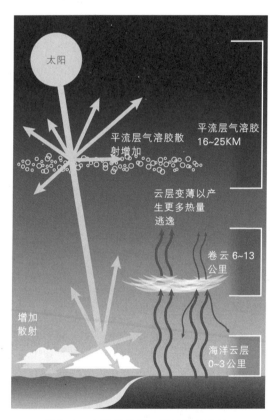

图7-2 太阳能地球工程的不同方法

注：最优前景的方法是"平流层气溶胶注入"（SAI），它在约20千米的高度向大气播撒硫或硫
化合物。更具风险的方法包括"海洋云增亮"（MCB）和"卷云变薄"（CCT），前者将在低空云层
中播撒海盐或相关化合物，以提高其反射率；后者将通过在高空卷云中播撒气溶胶来降低其密度。

资料来源：National Academies of Sciences，Engineering，and Medicine（2021），P32。

---

① 关于地球工程与火山爆发之间的联系的详细讨论，见罗博克（Robock，2000）。

制造硫酸云的方法有多种，但其中二氧化硫（SO_2）的使用最受关注，也是目前被认为是最有前景的方法。二氧化硫一旦进入大气，就会与水结合，形成微小的H_2SO_4液滴。因此，这个过程看起来很简单——只需向大气中注入大量的二氧化硫，让它发挥作用即可。此外，硫（及二氧化硫）非常便宜，所以成本也能得到控制。但首先，我们需要弄清楚如何在足够高的高度（约20千米）注入足量的二氧化硫，让这种物质在大气层中循环并停留6个月~1年的时间。你可能会认为答案就是简单地为这项任务分配一批飞机，如果没有足够的飞机来完成这项任务，那就再造一些飞机。

问题在于，目前在役的飞机的设计飞行高度不超过40 000英尺，约合12千米。这意味着必须设计并制造能够在更高海拔飞行的新型飞机。这种飞机的成本是多少，需要多长时间才能问世？不同方法估算出的成本差异很大，但人们普遍认为这至少需要10年，甚至15年才能使之问世。[①]

假设现在就有运送二氧化硫的飞机，并进一步假设我们的目标不是消除所有变暖现象，而是将全球平均气温的升高幅度降低1摄氏度（气温升高3摄氏度将降低到仅升高2摄氏度）。在这种情况下，我们需要多少架飞机？我们又将如何使用它们？

根据史密斯和瓦格纳（Smith 和 Wagner，2018），史密斯、戴克马和基思（Smith，Dykema 和 Keith，2018）以及基思、瓦格纳和扎贝尔（Keith，Wagner 和 Zabel，2017）的估算，以及联合国政府间气候变化专门委员会（2018）中的总结，要减少1摄氏度的温度升高，就需要在平流层中维持约10兆吨的二氧化硫（它将与水蒸气反应，形成含有约15兆吨硫酸的气溶胶云）。那么我们如何将10兆吨二氧化硫注入平流层呢？一种方法是（在飞机发动机内）燃烧约5兆吨熔融状态的硫，然

---

① 要将公里换算成英里，1公里等于0.621英里（3 281英尺）。因此，20千米等于65 620英尺。有些人建议用气球代替飞机来运送二氧化硫，见戴维森（Davidson）等（2012）。但目前的观点认为，气球的效率要低得多，而且性价比更低。罗博克（Robock）等（2009）讨论了使用飞机运送二氧化硫的优势。

后将产生的 10 兆吨二氧化硫释放到所要求的 20 千米高度[①]。二氧化硫和硫酸最终会消散，因此必须每两个月注入一次二氧化硫以维持气溶胶云。

向平流层反复注入 10 兆吨二氧化硫将需要大量的新飞机——根据飞机的大小，最多需要 300 架——几乎不间断地运行。但好消息是，我们可以逐步提升这一能力，最终达到 10 兆吨的水平，这是因为大气中二氧化碳浓度的增加、温度的升高会是在未来几十年的时间内非常缓慢地发生的。我们的目的是截至本世纪末阻止全球平均气温上升 3 摄氏度，而不是截至 2030 年或 2040 年。

由于设计、测试和制造第一批飞机需要 10～15 年的时间，因此二氧化硫的实际注入可能会在 2035 年左右开始，并逐渐缓慢增加，这个过程可能会横跨 20 或 30 年。史密斯和瓦格纳（Smith 和 Wagner，2018）简要描述了一种中性的情景，即每年建造 6 架新飞机并投入使用，而这 6 架飞机的有效载荷为 0.1 兆吨硫（能够释放 0.2 兆吨二氧化硫）。10 年后，由 60 架飞机组成的机队将足以每年运送 2 兆吨二氧化硫。最终，我们将需要 300 架飞机，每年输送 10 兆吨二氧化硫，但这种增长速度可能会很慢。这与我们的想法——对于眼前的问题，太阳能地球工程不是一个会立刻实施的解决方案——是一致的。相反，这是一个可选项，如果我们未来发现二氧化碳浓度和气温的上升速度比我们预期的要快，我们就会实施这一方案。

7.3.2　成本是多少？

同样，假设我们已经拥有足够数量的能够在 20 千米高空飞行的飞机。这种情况下，向平流层注入 10 兆吨二氧化硫的成本将非常低——基本上只是飞机的运营成本加上硫磺及其他材料的成本。但现在我们没有所需的飞机，这才是成本的大头——以及成本的不确定性——所在。

有几项研究称，现有的飞机经过改装后可以在所需高度播撒二氧

---

① 按质量计算，15 兆吨硫酸（15 Mt H_2SO_4）=10 兆吨二氧化硫（10 Mt SO_2）=5 兆吨硫（5 Mt S）。

化硫，这能使总成本降得很低。但其他大多数研究认为，能够完成这项工作的飞机必须是新设计并制造的。[①]设计这些飞机需要多少资金？再制造出来还需要多少资金？这又需要多长时间？最后一个问题最容易回答：设计和制造所需数量的飞机需要 10～15 年的时间。至于资金成本，我们现在只有一系列粗略的估算，而且不同的估算之间差别很大。

　　鉴于设计和制造飞机的成本存在不确定性，我们是否应该得出太阳能地球工程可能非常昂贵的结论呢？不，恰恰相反。即使我们选择估算出的最高的飞机成本，再将其翻倍，利用太阳能地球工程将气温升幅降低 1 摄氏度的年化总成本也将非常低。有多低？包括飞机摊销成本在内的年化总成本估算从 200 亿美元（史密斯和瓦格纳（Smith 和 Wagner，2018））到 400 亿美元（德弗里斯、杨森斯和赫尔肖夫（deVries，Janssens 和 Hulshoff，2020））不等，最高约为 1 100 亿美元（罗博克（Robock）等，2009）。[②]因此，认为总成本处于 200 亿～2 000 亿美元这个区间（诚然这很粗略）内是合理的。

　　我们来看看这个区间的上限，即每年 2 000 亿美元。这看似是 1 笔巨款，但就我们所面临的气候问题而言，相较其他解决对策，这就不算多了。请记住，我们的目标是将原本会出现的全球平均气温升高幅度降低 1 摄氏度，因此这 2 000 亿美元必须与全球 GDP 相比较，而 2020 年的全球 GDP 约为 90 万亿美元。这意味着，每年 2 000 亿美元的成本仅占 GDP 的 0.2%，只是很小的一部分。[③]联系前文，将其与使用碳税来防止全球平均

---

　　① 麦克莱伦、基思和阿普特（McClellan，Keith 和 Apt，2012）认为，经过改装，现有飞机可以胜任这项工作。但史密斯（Smith）和瓦格纳（Wagner）（2018）回顾了一系列运送方法，得出结论认为需要设计 1 款新飞机，因为考虑所需的飞行高度和有效载荷能力，不存在同时满足这两个条件的现有飞机。他们的论文假设新飞机可以在 15 年内开发生产出来，这部分基于作者与 13 家商业航空航天供应商的个人交流。
　　② 罗博克（Robock，2020）总结了这些成本估算，并使用德弗里斯、杨森斯和赫尔肖夫（deVries，Janssens 和 Hulshoff，2020）的有效载荷成本估算，假设每种情况下开发和制造飞机的成本将在 20 年内摊销，进而对这些成本进行比较。基思、瓦格纳和扎贝尔（Keith，Wagner 和 Zabel，2017）的成本估算也与这一范围一致。
　　③ 相比之下，1998 年美国能源信息署估计，遵守《京都议定书》（其目的是将全球平均气温的升幅控制在 3 摄氏度以内）的成本约为 GDP 的 2%（见美国能源信息署，1998）。联合国政府间气候变化专门委员会（2007，2014）汇总了各国成本的估计，也是大约 GDP 的 2%。此外，正如平狄克（2014）所阐释的那样，使用太阳能地球工程还能将我们对未来气温升高的不确定性限制在一定范围，这本身就很有价值。

气温上升超过2摄氏度所需的成本进行比较。尽管这还存在不确定性，但为了充分减少二氧化碳排放，从而达到升温不超过2摄氏度的目标，我们可能需要征收每吨100美元左右的全球碳税。2020年全球二氧化碳排放量约为3 700万亿吨，碳税总额将达到近4万亿美元，接近全球GDP的4%，这是太阳能地球工程的成本的近20倍。

简单来说，太阳能地球工程是防止大气中二氧化碳浓度增加导致全球平均气温大幅提高的一种极具性价比的方法。即使假设每年的成本为2 000亿美元（约为近期估算中的最高值的2倍），相较其他任何方案（如广泛征收碳税）的成本，这也只是一个小数字。而且实际上，其成本可能更接近每年200亿美元，而不是2 000亿美元。尽管如此，这并不意味着太阳能地球工程是解决气候变化问题的答案，它存在一些严重的问题，这将在后文被讨论。但就可行性和性价比而言，太阳能地球工程无疑应该被放入我们应对气候变化的工具箱中。

7.3.3　太阳能地球工程存在的局限

太阳能地球工程可以说是极具争议。他们担心太阳能地球工程及其他形式的适应性措施会让我们偏离减少温室气体排放的正确道路。毕竟，假如我们知道一种更便宜简单的替代方案，为什么要费劲付出巨大代价来减少排放呢？这方面的担忧在一定程度上是有道理的，但请记住，我并不主张放弃减排。我主张的是在减排之外，可以考虑将太阳能地球工程作为一种额外的手段并准备将其投入使用。

对于太阳能地球工程还有其他担忧。最主要的担忧是它可能会带来衍生的一系列环境问题。其中最重要的潜在问题是，如果我们用其防止温度上升，二氧化碳将继续在大气中积累，其中一部分被海洋吸收，加剧海洋酸化。我之后将讨论海洋酸化的问题，但首先，让我们来看看其他被提出的对环境的担忧：

•影响降雨：有担忧表明太阳能地球工程可能导致全球平均降水量减少，或者可能影响世界某些地区的降雨模式。部分担忧源于1991年菲律宾皮纳图博火山爆发后当地降水量的减少。气候模型对降水的预测并不一致，但如果太阳能地球工程只用于防止部分温度上升，例如前文提到的1

摄氏度,那么其对降雨的影响可能有限。①

•自然植被和农作物产量:太阳能地球工程可能通过改变水循环和植物生理反馈对植被产生影响。多项研究与低二氧化碳、低温度的气候环境作对比,关注植被如何在高二氧化碳、低温度气候下作出反应。然而,迄今为止的研究普遍指向同一个方向:太阳能地球工程可以提高全球农作物产量。②

•臭氧耗竭对健康的影响:有人担心"平流层气溶胶注入"可能通过改变平流层的化学成分导致进一步的臭氧损耗。例如,蒂尔梅斯(Tilmes)等(2009)与魏森斯坦、基思和戴克马(Weisenstein,Keith 和 Dykema,2015)的研究指出了这个问题。此外,注入平流层的物质如果进入食物和水供应,可能对健康产生影响。埃菲翁和内策尔(Effiong 和 Neitzel,2016)回顾了有关各种SRM气溶胶可能影响健康的医学文献。

•治理问题:太阳能地球工程的成本非常低,但这也带来了一个问题。谁来决定是否进行太阳能地球工程,以及在何种程度上治理?由于成本低廉,一群小国家,甚至单独一个国家(例如美国)可能独自采取行动,而无须达成减少全球二氧化碳排放所需的国际协议。我们是否需要一套规则,以条约或其他国际协议的形式,来规定何时以及如何使用太阳能地球工程?由于全球变暖的影响在各个国家之间差异很大,达成这样的协议可能会很困难,请参见哈佛气候协议项目(Harvard Project on Climate Agreements,2019)的论文中关于这些问题的讨论。

•停止保护造成的问题:假设我们使用太阳能地球工程防止全球平均温度上升1摄氏度,并通过向平流层注入约10兆吨二氧化硫(这些二氧化硫将与水蒸气反应形成约15兆吨硫酸,从而形成气溶胶云)。请记住,我们必须继续注入更多的二氧化硫,以维持这片气溶胶云,因为硫酸会逐渐

---

① 请参考,例如,克莱登,克拉维茨和伦纳(Kleidon,Kravitz 和 Renner,2015)的研究。欧文(Irvine)等(2019)研究了一种太阳能辐射管理(SG)情景,该情景"将CO_2浓度翻倍引起的温度升高减半,并大致恢复了水文循环的强度,而不是通常的情景,即SG抵消了所有增温效应"。在这种情况下,他们的模型显示温度、水资源可用性、极端温度和极端降水都没有恶化。
② 请参考,例如,庞格拉兹(Pongratz)等(2012),曹(Cao,2018),达贡和施拉格(Dagon 和 Schrag,2019),以及吉普特拉,格里尼和李(Tjiputra,Grini 和 Lee,2016)。

消散。假如我们停止补充气溶胶云呢？大气中的二氧化碳浓度将保持在较高水平，导致温度迅速上升。没有某种国际承诺以维持二氧化硫注入，此种"停止问题"可能带来严重风险。图7-3说明了这个问题，其中显示了8个不同气候模型对使用太阳辐射管理（SRM）来抵消CO_2浓度每年增加1%的致暖效应进行的模拟结果（实线），以及在没有太阳能地球工程的情况下的模拟结果（虚线）。请注意，当SRM停止时，温度和降水会迅速回升到没有SRM时的水平。

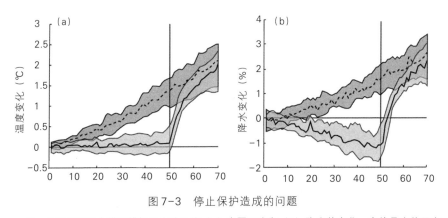

图7-3　停止保护造成的问题

注：该图使用8个模型模拟了全球平均（a）表面温度和（b）降水的变化。实线是在使用太阳辐射管理（SRM）情况下的模拟，以平衡每年增加1%的CO_2浓度，持续50年后停止SRM。虚线是在没有SRM的情况下对CO_2浓度每年增加1%的模拟。黄色和灰色阴影区域显示了模型第25~75的百分位数。

资料来源：Intergovernmental Panel on Climate Change（2014），The Physical Science Basis。

海洋酸化

除了上述问题外，还有另一个重要问题：海洋酸化。尽管目前海洋酸化的过程还不太清楚，但我们知道，随着大气中二氧化碳浓度的增加，一部分二氧化碳被海洋吸收，这可能降低海洋的平均pH值（即"酸化"海洋）。太阳能地球工程无法限制大气中二氧化碳浓度的增加，因此它对防止海洋酸化没有任何帮助。这可能是解释为什么减少二氧化碳排放可能是更好的政策工具而非地球工程科学的最有力论据。①但在这里存在两种不确定性。第一，大气中二氧化碳浓度的增加在多大程度上会导致海洋平均pH 值的变化？第二，pH 值降低可能会导致的经济和生态影响是什么？

有几项研究使用了地球系统模型，试图预测本世纪末大气中二氧化碳浓度增加对海洋 pH 值的影响。例如，波普（Bopp）等（2013）总结了 10个地球系统模型所呈现的结果，并展示到本世纪末，平均 pH 值可能从当前约 8.1 的平均值下降约 0.3 单位。即使全球二氧化碳排放大幅减少，平均pH 值也可能至少下降 0.1 单位。②

假设到本世纪末平均 pH 值下降了 0.3 单位，它会带来什么影响？我们不知道，就像我们无从得知温度增加或其他针对气候变化的措施会带来什么影响一样。虽然已经进行了多项估算和预测，但它们得出的结果相差甚远。例如，柯尔特和克纳普（Colt 和 Knapp，2016）回顾了文献，并评估了"海洋酸化灾难"直至 2200 年的影响。在他们给出的情形中，"大气中二氧化碳浓度在 2100 年后不久达到 0.1%，在 2200 年后不久稳定在约0.2%。平均海洋 pH 值每个世纪下降约 0.3，到 2100 年时降至约 7.8，到2200 年时降至大约 7.5"。至于 pH 值下降的影响，他们认为经济损失只会占 2100 年 GDP 的 0.1%。但其他关于海洋酸化影响的预测，包括联合国政府间气候变化专门委员会（2014）的预测，都更加悲观。

7.3.4　如何处理？

正如我在本书开篇所解释的，在我们考虑的所有政策选择中，太阳能地球工程无疑是最具争议的一个。许多环保人士认为它极其危险，因此不予考虑。这部分是基于对海洋酸化的担忧，但更多的是认为任何改变环境的尝试都存在风险，因而必须规避。对一些环保人士而言，既然排放二氧化碳等温室气体必须避免，那么类似的向大气中注入硫化物或硫化合物的行为也必须阻止。

---

① 此外，通过平流层降雨最终落下的硫酸会加剧湖泊和河流的酸性。但这在太阳能地球工程中并非主要问题。
② 见 Williamson 和 Turley（2012）中的讨论。pH = 7.0 是中性的，所以 8.1 略带碱性；工业革命前 pH 大约是 8.2，也就是已经降低（酸化）了 0.1。

除了对太阳能地球工程（以及例如海堤的其他适应性措施）所可能产生的负面影响的担忧，一些环保人士还主张：一旦我们决定采取适应性措施应对气候变化，社会将不愿在成本高昂的减排措施上花费资源。这是一个合理的观点，如果我们确信我们可以快速而充分地减少排放以阻止温度升高和海平面上升，这个观点会更有说服力。但是，我们并不确定我们能否快速而充分地减排。相反，正如我在本书中一直强调的那样，全球平均温度上升超过 2 摄氏度的可能性非常小。不是不可能，但可能性极小。因此，我们得尽力准备以应对可能出现的极严峻的气候影响。

那么，我们应该怎样对待太阳能地球工程？如前文所述，对于太阳辐射管理的使用确实存在一些担忧。但同时，如果我们努力大幅减少全球二氧化碳排放的努力不如预期，太阳辐射管理可能是一种我们应该随时准备使用的廉价而有效的工具。目前无法实施太阳辐射管理，是因为我们还没有能力在足够高的高度上向大气喷洒硫或硫化合物，且大气中的二氧化碳浓度还没有达到需要采用太阳辐射管理的水平。但现在我们正在形成共识：应该在这个领域进行更多的研究并尽快采取行动，包括针对替代性硫和非硫基气溶胶的研发，以及对降水、臭氧耗尽和海洋酸化的可能影响进行研究。此外，我们应该从现在开始研发制造未来实施该方法所需要使用的飞机。

7.4 适应性措施能解决我们的气候问题吗？

当然不能！我们根本不知道适应性措施能在多大程度上帮助我们降低面对气候变化的脆弱性，但我们可以确定的是，尽管它有所帮助，但不能根除问题。正如我们在海平面上升的例子中所看到的，我们可以停止对高洪水风险区域的建筑补贴，通过加固或修建堤坝和海堤、建造或改建房屋以防止洪水侵袭，但是这些措施并不能提供完全的保护。如果海平面上升一两米加之比今天大得多的飓风平均强度，我们将看到洪水泛滥，尤其是在靠近或低于海平面的地区。而洪水造成的损害可能对孟加拉国、泰国、越南或一些可能被淹没的小岛国家尤其严重。至于太阳能地球工程，我们已经看到它会带来一些风险（尤其是涉及海洋酸化），因此需要更多研究。

另一方面，我们确实知道适应性措施可以在各种重要方面起到帮助。正如我们所见，它对农业有深远影响；而且堤坝、堤防和海堤已经成功地用于保护大面积地区免受洪水泛滥的影响——荷兰很大一部分地区没有这些堤防将没于水下。我们有充分的理由相信，尽管存在风险，但是，太阳能地球工程可以帮助我们，并在某种程度上（至少在温度上升超过我们当前预期的情况下）可能是必要的。

适应性措施的可能性会不会分散掉我们对迅速减少温室气体排放这一重要任务的注意力？只要我们把适应性措施视为综合气候政策的一部分，就不会出现这种情况。即使适应性措施有可能会在一定程度上降低迅速减少排放的政治压力，我们也不能忽视其重要性，甚至延迟对适应性政策的实施促进。我们绝不能让自己处于这样一种境地：尽管竭尽全力，全球平均温度仍然上升超过2摄氏度，这一影响极其严重，我们却无法应对。

一些适应性措施会自然发生，特别是家庭和私营企业的适应性措施。但像海堤和太阳辐射管理这样的措施需要联邦、州和地方政府的行动。而且这需要时间，因此我们需要尽早开始进行规划和研发，以使适应性措施能够成功实施。

7.5 气候的未来

尽管重复了很多次，但我还是要再次强调，在这本书中，我并没有说通过充分减少全球排放来防止温度上升超过2摄氏度是不可能的。我们不知道各个国家将在多大程度上减少排放，这可能作为国际协定的一部分，也可能不在国际协定范围内，不过国际协定最终是要被履行的。我们确实可能达成某种国际协定并且见证大量减排，但这并不是我们应该指望发生的事情。即使我们能够确保排放量将大幅并且迅速地减少，我们也不知道它对温度变化、海平面和气候的其他方面的影响。问题是，社会应该冒着没有准备好应对不良结果的风险吗？我认为这样做是个严重的错误。

现在的情况是什么呢？我在这儿做一个快速的观点总结：

是的，我们应该尽己所能去减少温室气体净排放量，并且希望尽可能地高效（即提高成本效用）。我们可以通过征收碳税或限额交易制度，或者通过政府补贴和授权，以及从大气或发电厂的废气中吸收二氧化碳来实现这一目标。

但"我们"指的是整个世界。我们必须减少全球排放，这可能需要一项国际协定，并且使得遵守该协定可观测和可执行。

即使有这样的国际协定，我们也不能指望防止升温幅度高于2摄氏度。我们需要面对这样一个事实：大气中的二氧化碳浓度很可能会持续多年增长，从而抬高气温。也许我们很幸运，气温不会上升那么多，但也许我们会非常不幸，看到气温上升3摄氏度，甚至4摄氏度。

如果气温确实上升了3摄氏度或更多，那会对经济造成什么影响？气候变暖会对海平面和飓风强度产生什么影响？最重要的是，在未来几十年里，气温升高和海平面上升对GDP和其他人类福利指标的总体影响将是什么？我们不知道。也许我们会幸运，影响会很小，但也许我们会非常不幸，影响会非常严重。

我们需要为可能面对的非常不幸的结果做好准备，也要为可能将会发现自己正走向一场气候灾难而做好准备。在这种情况下，我们将需要比预期更多地依赖气候适应。但有些适应需要更多的研究（如太阳能地球工程），并且需要将时间用于规划和早期阶段的实施（海堤，太阳能地球工程）。这意味着我们现在需要投资研发，并采取其他必要措施使适应及时有效。

气候（和其他的）灾难

请记住，我们关注的是气候灾难的风险——这非常糟糕，不仅在于温度升高，还在于它对经济和人类福祉的影响。而一旦我们开始思考灾难，我们就需要超越气候问题，认识到我们面临着各种其他可能发生的给社会和人类福祉带来巨大伤害的潜在灾难。有哪些灾难呢？我们可能要带着这样令人沮丧的回答结束这本书了，以下是一些例子：

•重大流行病。你知道COVID-19吗？西班牙流感呢？美国疾控中心声称更多的流行病可能会到来。我们从COVID-19中学到了很多东西，包括如何以惊人的速度开发疫苗。这将在下一次流行病到来时有所帮助，但下一次可能会更具传染性。

•生物恐怖。你知道炭疽病或者沙林毒剂吗？恐怖分子会不会带来新的生物或化学武器？我们不知道，但生物恐怖袭击可能导致许多人死亡，并会带来恐慌进而影响GDP。

•核恐怖主义。其影响是什么呢？可能会导致上百万人或更多人的死亡，并且由于大量资源会用于防止发生更多恐怖事件，全球贸易和经济活动会减少，从而对GDP带来重大冲击。

•核战争。已经拥有核武器的国家正在增加其储备，未来可能也会有更多国家拥有核能力。存在的核武器已经足够到能不止一次地摧毁地球上的每一个人类。这些武器事实上会被使用吗？这是一个很好的问题。

•网络战争。这可能对我们的能源和金融系统以及我们的基础设施造成重大破坏。我们已经看到了一些（所幸还不多）例子，难以想象它大规模地发生。

•其他灾难性风险。你可以发挥你的想象力。以下事件可能性较小但肯定是灾难性的：伽马射线暴、小行星撞击地球以及人工智能或纳米技术带来的意外后果。

气候变化引起了我们的很多关注，这是理所当然的。它经常被视作对人类的生存威胁，而且可能也确实如此。毕竟正如我在整本书中强调的那样，灾难性的气候结果确实是有可能发生的。但也可能存在其他生存威胁，同样值得我们关注。这些威胁得到的关注较少，我们往往忽视它们。以上列出的一种或多种潜在灾难可能比气候变化更早地发生，并且对我们造成更大的影响，然而我们在防止其发生或者为其可能发生做好准备这些方面所做的还不够。①

为什么我们不采取更多行动来避免其他潜在灾难呢？既然气候变化受

---

① 波斯纳（Posner, 2004）已经提出了观点，认为我们需要花更多资源来防止其他潜在灾难的发生。最先应该预防哪些潜在灾难呢？关于这个问题的更多分析，参见马丁和平狄克（Martin 和 Pindyck, 2015, 2021）。

到了如此多的关注，那为什么我们不采取更多行动来避免气候灾难呢？

　　我相信答案至少在一定程度上是因为作为个体和社会，我们天生就是短视的。或者换句话说，我们对遥远未来的成本和收益折现率非常高。气候变化可能会造成严重的损害，但并不是在今年，未来几十年可能也不会发生。对于大多数人来说，那是非常遥远的将来，所以我们宁愿不去思考它。对于政客们来说，他们对像税收这样令人不快的事情有抵触情绪，而气候变化的影响却如此遥远，因此可以被忽视。

　　应对气候（或其他）灾难的风险本质上是一个长期问题，处理它需要长远的视角。这并不容易，但我们——包括公众和政治家——必须克服我们天生的短视，将更多的注意力放在未来几十年上。

7.6　延伸阅读

　　在本书中，我强调了一个事实，即就算我们尽最大努力，二氧化碳排放也不太可能减少得快到能够让全球平均温度升高不超过被广泛引用的2摄氏度界限。这意味着我们可能面临海平面上升、更频繁和更强的飓风和暴风雨，以及其他有害的气候影响。我们必须通过向气候适应投资来为可能出现的结果做好准备。气候适应有很多形式，在本章中，我重点关注了研发和采用耐热和耐旱作物，通过采取一些措施，比如修防洪堤和海堤以降低可能由海平面上升和更强的飓风引发的洪水影响，以及通过太阳能地球工程减缓大气中二氧化碳浓度上升带来的变暖效应。我们讨论得比较简单，还有很多内容可供阅读。

　　我解释过，就农业而言，对气候变化的适应已经有近200年，人们向西迁徙，并且不得不在气温和降水变化更加剧烈的气候条件下种植作物。气候适应是通过新作物品种的开发和引入，以及用于种植和收获作物的新的提高生产力的技术来实现的。奥姆斯特德和罗德（Olmstead 和 Rhode，2008）的书记录了农业技术变革的历史，梅勒（Mellor，2017）讨论了中低收入国家的农业发展和影响。未来几十年里我们可以期待什么样的农业创新呢？阅读李（Lee，2019）的书，可以找到一些推测性的但非常有趣的答案。

海平面上升的程度存在相当大的不确定性，但我们需要为这种可能性做好准备，同时还需要考虑到更强和更频繁的飓风引发的洪水风险。一种方法是打造防洪堤和海堤等物理屏障，不过我们还应该保护和完善海岸湿地、沙丘、珊瑚礁和海洋植被等自然屏障。关于用自然屏障进行防洪的概述，请参阅格里克（Glick）等（2014）的文章。而关于飓风哈维如何形成和对得克萨斯州部分地区的破坏的生动解释，请参阅布雷克和泽林斯基（Blake 和 Zelinsky，2018）。

我认为政府的保障项目要对易受洪水（和火灾）影响的地区的住房和商业建设进行补贴，因为所收取的保费低于统计上的公平价。高卢（Gaul，2019）的书和第一街基金会（First Street Foundation，2021）的报告详细而易于理解地论述了这个问题。此外，第一街基金会的网站（https：//firststreet.org）提供了一个在线工具，可以计算美国任何城镇或县的洪水风险，并显示保费与精算风险之间的差。

我简要讨论了如何通过改变建筑法规和对住宅和建筑进行改造，提升对洪水的抵御作用。有关改造策略和完善建筑法规的详细介绍，请参阅美国国家建筑科学研究所（National Institute of Building Sciences）2019年的资料。

巴雷特（Barrett，2008）是对太阳能地球工程最早的介绍之一，也解释了为什么它是一种重要的政策工具。关于该技术及其工作原理的概述，包括需要解决的一些问题，请参阅欧文（Irvine）等（2016），史密斯、戴克马和基思（Smith，Dykema 和 Keith，2018），基思和欧文（Keith 和 Irvine，2019）和罗博克（Robock，2020）。关于太阳能地球工程的可能成本的简要综述，请参阅史密斯和瓦格纳（Smith 和 Wagner，2018）。关于太阳能地球工程的承诺、问题和前景的普遍讨论，请参阅会议论文集"哈佛气候协议项目"（2019）和美国国家科学、工程院和医学院编写的最新图书（2021）。

最近的《国家气候评估报告》提供了美国已经经历的气候变化影响的概述。关于已发表的版本，请参阅"美国全球变化研究计划"（2018）。

气候变化已经发生数千年，包括最后一次冰河期之后的大规模变暖。除了适应这些变化，人类还必须适应世界各地气候极大的区域差异，以适应其迁徙过程。研究历史上的适应情况可以帮助我们预测人类将能够如何适应未来的气候变化。关于欧洲农民如何适应过去几千年的变暖的有趣记载，请参阅费根（Fagan，2008）；关于基于历史的气候适应测量的概述，请参阅马赛蒂（Massetti）和门德尔森（Mendelsohn）（2018）。

最后，我解释了我们需要担心并且需要做更多准备以应对其他潜在的灾难。波斯纳（Posner，2004）和博斯特罗姆（Bostrom）与赛可维克（Cirković）（2008）讨论了各种潜在的灾难，看过保证让你彻夜难眠。关于核恐怖主义的详细（以及可怕的）应对，请参阅艾利森（Allison，2004）。

参考文献

Aldrin, Magne, Marit Holden, Peter Guttorp, Ragnhild Bieltvedt Skeie, Gunnar Myhre, and Terje Koren Berntsen. 2012. "Bayesian Estimation of Climate Sensitivity Based on a Simple Climate Model Fitted to Observations of Hemispheric Temperatures and Global Ocean Heat Content." Environmetrics, 23.

Aldy, Joseph E., Alan J. Krupnick, Richard G. Newell, Ian W. H. Parry, and William A. Pizer. 2010. "Designing Climate Mitigation Policy." Journal of Economic Literature, 48 (4):903-934. Aldy, Joseph E., and Richard J. Zeckhauser. 2020. "Three Prongs for Prudent Climate Policy."

National Bureau of Economic Research Working Paper 26991.

Allen, Myles R., and David J. Frame. 2007. "Call Off the Quest." Science, 318: 582-583. Allen, Myles R., Jan S. Fuglestvedt, Keith P. Shine, Andy Reisinger, Raymond T. Pierrehumbert, and Piers M. Forster. 2016. "New Use of Global Warming Potentials to Compare Cumulative and Short-Lived Climate Pollutants." Nature Climate Change, 6 (8):773-776.

Allison, Graham. 2004. Nuclear Terrorism: The Ultimate Preventable Catastrophe. Henry Holt & Company.

Alvarez, Ramón A., Daniel Zavala-Araiza, David R. Lyon, David T. Allen, Zachary R. Barkley, Adam R. Brandt, et al. 2018. "Assessment of Methane Emissions from the U.S. Oil and Gas Supply Chain." Science, 361 (6398): 186-188.

Amazon Fund. 2010. "Amazon Fund Activity Report 2010." Brazilian National Development Bank Report.

Amazon Fund. 2019. "Amazon Fund Activity Report 2019." Brazilian National Development Bank Report.

Andrews, Timothy, Jonathan M. Gregory, David Paynter, Levi G. Silvers, Chen

Zhou, Thorsten Mauritsen, Mark J. Webb, Kyle C. Armour, Piers M. For-ster, and Holly Titchner. 2018. "Accounting for Changing Temperature Pat-terns Increases Historical Estimates of Climate Sensitivity." Geophysical Re-search Letters, 45（16）:8490-8499.

Annan, J. D., and J. C. Hargreaves. 2006. "Using Multiple Observationally-Based Constraints to Estimate Climate Sensitivity." Geophysical Research Let-ters, 33（6）:1-4.

Arrow, Kenneth J., and Anthony C. Fisher. 1974. "Environmental Preservation, Uncertainty, and Irreversibility." The Quarterly Journal ofEconomics, 88（2）:312-319.

Auffhammer, Maximilian. 2018. "Quantifying Economic Damages from Climate Change." Journal of Economic Perspectives, 32（4）:33-52.

Auffhammer, Maximilian, Solomon M. Hsiang, Wolfram Schlenker, and Adam Sobel. 2013. "Using Weather Data and Climate Model Output in Economic Analyses of Climate Change." Review of Environmental Economics and Poli-cy, 7:181-198.

Baccini, A., S. J. Goetz, W. S. Walker, N. T. Laporte, Mindy Sun, Damien Sul-la-Menashe, Joe Hackler, P. S. A. Beck, Ralph Dubayah, M. A. Friedl, et al. 2012. "Estimated Carbon Dioxide Emissions from Tropical Deforestation Im-proved by Carbon-Density Maps." Nature Climate Change, 2（3）:182-185.

Barrett, Scott. 2008. "The Incredible Economics of Geoengineering." Environmen-tal and Resource Economics, 39:45-54.

Bastin, Jean-Francois, Yelena Finegold, Claude Garcia, Danilo Mollicone, Mar-celo Rezende, Devin Routh, Constantin M. Zohner, and Thomas W. Crowther. 2019. "The Global Tree Restoration Potential." Science, 365（6448）:76-79.

Baylis, Patrick, and Judson Boomhower. 2019. "Moral Hazard, Wildfires, and the Economic Incidence of Natural Disasters." National Bureau of Economic Research Working Paper 26550.

Ben-Shahar, Omri, and Kyle D. Logue. 2016. "The Perverse Effects of Subsi-dized Weather Insurance." Stanford Law Review, 68:571-626.

Blake, Eric S., and David A. Zelinsky. 2018. "Hurricane Harvey." National Hurri-cane Center Tropical Cyclone Report AL092017.

Blanc, Elodie, and Wolfram Schlenker. 2017. "The Use of Panel Models in As-sessments of Climate Impacts on Agriculture." Review of Environmental Eco-nomics and Policy, 11（2）:258-279.

Blue Ribbon Commission on America's Nuclear Future. 2012. "Report to the Sec-retary of Energy." Blue Ribbon Commission Technical Report.

Bopp, Laurent, Laure Resplandy, James C. Orr, Scott C. Doney, John P.

Dunne, M. Gehlen, P. Halloran, Christoph Heinze, Tatiana Ilyina, Roland Seferian, et al. 2013. "Multiple Stressors of Ocean Ecosystems in the 21st Century:Projections with CMIP5 Models." Biogeosciences, 10 (10) :6225– 6245.

Bostrom, Nick, and Milan Ćirković, ed. 2008. "Global Catastrophic Risks." Oxford University Press.

Brown, Patrick T., and Ken Caldeira. 2017. "Greater Future Global Warming Inferred from Earth's Recent Energy Budget." Nature, 552 (7683) :45.

Burke, Marshall, and Kyle Emerick. 2016. "Adaptation to Climate Change:Evidence from U.S. Agriculture." American Economic Journal:Economic Policy, 8 (3) :106– 140.

Burke, Marshall, John Dykema, David B. Lobell, Edward Miguel, and Shanker Satyanath. 2015. "Incorporating Climate Uncertainty into Estimates of Climate Change Impacts." Review of Economics and Statistics, 97 (2) :461–471.

Cain, Michelle, John Lynch, Myles R. Allen, Jan S. Fuglestvedt, David J. Frame, and Adrian H. Macey. 2019. "Improved Calculation of Warming-Equivalent Emissions for Short-Lived Climate Pollutants." Climate and Atmospheric Sciences, 2 (29) :1–7.

Cai, Yongyang, and Thomas S. Lontzek. 2019. "The Social Cost of Carbon with Economic and Climate Risks." Journal ofPolitical Economy, 127 (6) :2684– 2734.

Cao, Long. 2018. "The Eeffects of Solar Radiation Management on the Carbon Cycle." Current Climate Change Reports, 4 (1) :41–50.

Ceres, Robert L., Chris E. Forest, and Klaus Keller. 2017. "Understanding the Detectability of Potential Changes to the 100-Year Peak Storm Surge." Climatic Change, 145 (1) :221–235.

Chen, Cuicui, and Richard Zeckhauser. 2018. "Collective Action in an Asymmetric World." Journal ofPublic Economics, 158:103–112.

Cline, William R. 2020. "Transient Climate Response to Cumulative Emissions (TCRE) As A Reduced-Form Climate Model." Economics International, Inc. Working Paper 20–02.

Coady, David, Ian Parry, Nghia-Piotr Le, and Baoping Shang. 2019. "Global Fossil Fuel Subsidies Remain Large:An Update Based on Country-Level Estimates." International Monetary Fund Working Paper 19/89.

Colt, Stephen G, and Gunnar P. Knapp. 2016. "Economic Effects of an Ocean Acidification Catastrophe." American Economic Review, 106 (5) :615–619.

Cox, Peter M., Chris Huntingford, and Mark S. Williamson. 2018. "Emergent Constraint on Equilibrium Climate Sensitivity from Global Temperature Variability." Nature, 553 (7688) :319.

ıas W., Henry B. Glick, Kristofer R. Covey, Charlie Bettigole, Maynard, Stephen M. Thomas, Jeffrey R. Smith, Gregor Hintler, C. Duguid, Giuseppe Amatulli, et al. 2015. "Mapping Tree Density ɔbal Scale." Nature, 525 (7568) :201-205.